CATARATA

JUAN JOSÉ DURÁN VALSERO

Científico titular del IGME y director del Departamento de Investigación en Recursos Geológicos, es doctor en Ciencias Geológicas y licenciado en Geografía e Historia. Ha sido profesor asociado en la Universidad Autónoma de Madrid. Es codirector de la Unidad Asociada entre el IGME y la Universidad de Málaga sobre Estudios Hidrogeológicos Avanzados y académico correspondiente de la Academia Malagueña de Ciencias.

Juan José Durán Valsero

Palabrero geológico

Instituto Geológico y Minero de España

CATARATA

Catálogo general de publicaciones oficiales
www.060.es

MINISTERIO DE CIENCIA, INNOVACIÓN Y UNIVERSIDADES

Instituto Geológico y Minero de España

CATARATA

DISEÑO DE CUBIERTA: MARTA RODRÍGUEZ PANIZO

FUENCARRAL, 70
28004 MADRID
TEL. 91 532 20 77
WWW.CATARATA.ORG

PALABRERO GEOLÓGICO

ISBN (IGME): 978-84-9138-074-0
ISBN (CATARATA): 978-84-9097-612-8
NIPO: 064-18-021-8
DEPÓSITO LEGAL: M-1.293-2019
IBIC: RGB

ÍNDICE

Prólogo

Romancero gitano fue el título que eligió Federico García Lorca para dar nombre a una de sus obras más conocidas y universales, publicada en 1928, hace ahora 90 años. Eligió ese título, sencillo y directo, porque el *Romancero* era eso, una simple recopilación de los 18 romances que había escrito entre 1924 y 1927. Un romancero es, pues, una colección de romances. También, según el Diccionario de la Real Academia de la Lengua Española, un romancero es una persona que recita romances.

Si hacemos una sencilla traslación, el término *palabrero* podría servir para designar, de igual manera, una colección de palabras y a la persona que las dice. Efectivamente, esta segunda acepción está recogida en el Diccionario de la Real Academia de la Lengua Española: palabrero es una persona que habla mucho, es decir, que utiliza profusamente el modo verbal de expresarse. Pero no es el único significado. Los palabreros de la cultura wayun, reconocida por los gobiernos colombiano y venezolano, son las personas que administran la justicia de la comunidad. Su papel consiste en resolver, a través de la negociación y la mediación, los conflictos que se generan entre los diferentes clanes, personas e incluso organizaciones ajenas a la cultura wayun. La Junta Mayor Autónoma de Palabreros fue reconocida por la UNESCO, en el año 2010, como parte del Patrimonio Inmaterial de la Humanidad. El palabrero como manifestación popular y tradicional de una cultura milenaria.

Cuando estaba preparando este prólogo descubrí que existía un programa en Radio 5, llamado *El palabrero, oír y escuchar*, dirigido por Juan Antonio Vázquez, que lleva años en antena. Según se autodefine el programa en su página web, es "un espacio destinado a bucear en las palabras, en su significado, en su etimología, en su historia, en sus usos y en sus conexiones". Difícilmente se puede decir mejor y más claro para qué sirve un palabrero.

Ahora bien, aun conociendo y reconociendo su utilidad en la cultura wayun y en las ondas radiofónicas, no queda claro que un palabrero sea también una colección de palabras. Una búsqueda rápida en la red nos ilumina al respecto. Ya existe un libro titulado "palabrero". Se trata del *Palabrero de Doñana*, escrito por Héctor Garrido y publicado en el año 2000 por la Editorial Rueda. Es una preciosa introducción al léxico tradicional de las marismas del Guadalquivir, donde se recogen numerosos términos que reflejan la extraordinaria variedad y la precisión de la toponimia y el lenguaje popular de tan maravilloso espacio natural y cultural.

Acercándonos más en el tiempo y al lenguaje de la red global, también en Internet encontramos un palabrero, bajo forma de blog, el *Palabrero calasparreño*, elaborado y mantenido por Gregorio Navarro, que recoge una colección de localismos de Calasparra, Murcia, con la idea, legítima, de que no se olviden. Magnífica intención y magnífica idea.

Con estos antecedentes, considero justificado presentar este libro como un "palabrero geológico", pues de una colección de palabras se trata, elegidas bajo un criterio común y con una finalidad concreta. El criterio es sencillo: las palabras son nombres relacionados con la geología en su sentido más amplio. Nombres vulgares de elementos geológicos muebles, como minerales, rocas o fósiles; topónimos que poseen significado geomorfológico, hidrológico, petrológico o minero, por citar solo algunos de los ámbitos más abundantes. La finalidad está a caballo entre la del palabrero radiofónico y la del bloguero: entender el significado de las palabras más arraigadas en el territorio, más pegadas a sus habitantes y a nuestros antecesores, fomentar su uso, intentar que no se olviden o se pierdan. En definitiva, este libro pretende mostrar una pequeña colección de palabras bellas, que sirven o sirvieron en ocasiones para designar el medio que nos rodea.

Posiblemente, la inspiración del mismo tuvo algo que ver con la lectura, hace un cuarto de siglo, de una pequeña pero genial obra del gran ecólogo español Fernando González Bernáldez, titulada *Los paisajes del agua: terminología popular de los humedales*. Los paisajes geológicos, como los del agua, se pintan con palabras como las que se describen es este palabrero.

Introducción

En el prólogo de este libro ha quedado claro el porqué de su nombre. Pero antes de entrar de lleno en su contenido, quizás convenga explicar, un poco más extensamente, el porqué de la necesidad de un palabrero y cómo se han realizado los trabajos para llevarlo a cabo.

El objetivo final de este palabrero geológico está ligado al intento de descubrir los lazos más o menos visibles que ponen en conexión el lenguaje popular con las ciencias geológicas o de la Tierra. El lenguaje popular está expresado básicamente a través de los nombres comunes de ciertos objetos que forman parte de la naturaleza geológica, bien mediante los topónimos o nombres de lugares, bien mediante los nombres vulgares de elementos geológicos concretos, ya sean rocas, minerales o fósiles.

A priori parece evidente que debería existir una relación más o menos estrecha, pues un primer estadio para estudiar las cosas es nombrarlas. Y si esas cosas, objetos de estudio, son formas o procesos de la Tierra, parece claro que la disciplina científica que las aborda debería haber aprovechado el acervo de términos preexistentes para construir su edificio científico desde la óptica terminológica.

Pero ¿por qué y para qué hacer esta reflexión y este esfuerzo? ¿Con qué ánimo rastrear la geografía española buscando nombres de lugares que pudieran poseer un significado geológico? La respuesta es sorprendentemente fácil: los científicos y estudiosos se han olvidado con una frecuencia mayor de la deseable que existen muchas de esas palabras; y lo que es peor, una mayoría importante, sobre todo de jóvenes, desconoce su existencia o sus significados precisos. El lenguaje científico, en su continua especialización y creciente complejidad, se ha ido alejando del lenguaje popular, de lo local, de lo propio, dejando paso a numerosos barbarismos y neologismos, en ocasiones para sustituir con poco tino algunos términos ya existentes en español. Esta es la finalidad subyacente de este trabajo, contribuir, aunque sea mínimamente, a recuperar esa memoria perdida del rico y variado patrimonio lingüístico español y ponerlo a disposición tanto de los investigadores en ciencias de la Tierra como de los muchos aficionados a la naturaleza geológica.

Otra cuestión es el alcance del palabrero. Lo primero que hay que dejar claro es que desde el primer momento no se pretendió hacer un diccionario geológico al uso: ya existen muchas y buenas obras de referencia, como la llevada a cabo hace algunos años por la Real Academia de Ciencias Exactas, Físicas y Naturales para la elaboración del *Vocabulario Científico y Técnico*, del cual el área temática de geología es un ejemplo de buen hacer, bajo la coordinación del catedrático de la Universidad de Granada, Juan Antonio Vera Torres. En consecuencia, no busque el lector aquí un exhaustivo listado de términos científicos o técnicos geológicos, pues no los hallará. Entre las múltiples ausencias están la mayor parte de las que son demasiado generalistas o banales, pero que no tienen un nexo directo con la toponimia tradicional o las voces populares. Así, por ejemplo, no están aquí "falla", "estrato" o "pliegue", términos básicos geológicos que pueden ser consultados en cualquier glosario especializado en ciencias de la Tierra. Tampoco están todas las que deberían estar, en este caso debido al particular método de trabajo seguido en la elaboración del palabrero. Este método, si es que se le puede llamar de esa manera, ha consistido, fundamentalmente, en dejar que las palabras vinieran al autor, huyendo de una búsqueda sistemática. A cambio de la falta de una auténtica disciplina metodológica, la labor de recopilación ha sido un trabajo de mucho tiempo: casi una veintena de años, desde mayo de 1999 hasta diciembre de 2018. Quizás una cosa pueda compensar, al menos en parte, a la otra.

Durante ese largo periodo, los trabajos realizados han sido numerosos, todos orientados por la misma filosofía. El autor ha ido esperando pacientemente a que los términos fueran "apareciendo" allá donde se encontraran: libros antiguos y recientes, artículos publicados en revistas científicas, comunicaciones en congresos y seminarios, guías de campo, vídeos divulgativos, carteles en centros de interpretación de espacios naturales protegidos, conversaciones con otros colegas o lugareños. En definitiva, cualquier lugar u ocasión en que las palabras estuvieran presentes. Bien es cierto que un esfuerzo algo más sistemático se ha realizado con dos tipos de fuentes muy particulares: por un lado, los mapas, tanto topográficos como geológicos en sentido amplio, han sido con frecuencia un buen lugar de búsqueda y encuentro de topónimos geológicos singulares; por otro, los propios trabajos de investigación sobre los topónimos de diferentes regiones, realizados por especialistas en la materia, han sido una fuente inagotable, aunque compleja por sus interpretaciones diversas, a veces incluso contradictorias.

Por último, también un conjunto de colegas, conocedores de mi afición a "coleccionar" topónimos geológicos, me han suministrado algunos, a veces unidos a una labor de investigación francamente interesante y desinteresada.

Una primera conclusión de lo anteriormente expuesto es que, evidentemente, este palabrero es algo, por su propia naturaleza y concepción, incompleto. Solo un primer paso, una primera colección a la que aún le faltan numerosas piezas, que deberá ir completándose con muchas otras en el futuro. Es una semilla que crecerá y que habrá que ir domesticando, posiblemente con un trabajo más sistemático, que hará el autor o que quizás lo harán otros.

Palabrero geológico: de la A a la Z

El palabrero se compone de más de 500 términos, ordenados alfabéticamente. La estructura habitual de cada término es una breve descripción del mismo, seguido de algún ejemplo en el que se ha podido constatar su utilización. En ocasiones se detallan posibles sinónimos o derivados del término principal, si es que existen.

Aunque se ha evitado hacer un uso excesivo de las referencias bibliográficas, a veces se ha considerado imprescindible hacerlo. En realidad, son unos pocos trabajos básicos los que se citan con cierta frecuencia. Ocurre así, por ejemplo, con algunas obras antiguas (Bowles, 1775; Álvarez de Linera, 1851; Orueta, 1917; Rubio, 1920; Bernaldo de Quirós, 1923; Hernández Pacheco, 1956; Hausen, 1968), cuyos autores dedicaron una cierta atención a los nombres geológicos de las regiones que estudiaron y describieron, muchas de ellas de las más ricas y variadas desde el punto de vista toponímico, como pueden ser La Pedriza de Manzanares, en la sierra de Guadarrama madrileña, o el conjunto de islas volcánicas del archipiélago canario.

También se ha acudido a veces a otras obras más modernas, centradas en el análisis de topónimos o nombres vulgares, como las publicadas por Garrido (2000), Díez y Martín Duque (2005) o Del Pino (2006), que se centran en algunos ámbitos geográficos concretos y de gran interés, como son la comarca de Doñana, en Huelva, y las provincias de Segovia y Málaga, respectivamente.

Para la mejor comprensión de algunos términos se han incluido un número limitado de fotografías, que si bien constituyen solo un pequeño porcentaje de los mismos, ayudan, sin duda, a hacer el palabrero un poco más cercano a la realidad geológica que pretende describir.

A

ABANICO

Cono de deyección depositado en un cambio brusco dependiente de un sistema aluvial, a la salida de un desfiladero o al pie de un escarpe; también se generan estas formas de depósito en la desembocadura de ciertos ríos en un lago o en el mar (abanicos deltaicos). P. ej.: abanico aluvial de La Zubia, Granada.

ABRIGO

Cavidad de escaso desarrollo, situada debajo de una visera o resalte rocoso, de naturaleza caliza o cuarcítica. Una parte importante de los enclaves con pinturas rupestres esquemáticas declaradas Patrimonio Mundial de la Humanidad en el año 1998 por la UNESCO, bajo la denominación de Arte Rupestre del Arco Mediterráneo, se encuentran en abrigos del este y sureste de la península ibérica. P. ej.: abrigos de Morella (Castellón); abrigo grande de Minateda (Hellín, Albacete).

FIGURA 1

ABRIGO DE LAS GRAJAS (ARCHIDONA, MÁLAGA)

Fuente: J. J. Durán.

ACEDAS

Relativo a fuentes de aguas ácidas, ferruginosas o agrias. Es un topónimo frecuente, aunque no exclusivo de las provincias de Ciudad Real y Toledo. P. ej.: fuente Aceda, (Corral de Calatrava, Ciudad Real); fuente Aceda (Los Yébenes, Toledo). Ver AGRIAS.

ADOBERA

Barrera o lugar arcilloso donde se fabrica el adobe.

ÁGATA MORISCA

Falsa ágata de bellos colores amarronados procedente de los rellenos de neoformación de los travertinos de Mijas (Málaga), explotados como roca ornamental para objetos de prestigio desde la Edad Media.

AGRIAS

Fuentes de aguas subterráneas con alto contenido en hierro que suelen colorear con tonos amarillentos o rojizos el lugar de surgencia. P. ej.: fuente Agria (Puertollano, Ciudad Real); fuente Agria de Pórtugos (Granada). Ver ACEDAS.

AGRIO

Zona rocosa de morfología compleja, prácticamente intransitable y sin vegetación, delimitada por varios corredores kársticos. Es una voz típica de El Torcal de Antequera (Málaga).

FIGURA 2

AGRIOS EN EL TORCAL DE ANTEQUERA SEPARADOS POR CORREDORES KÁRSTICOS

Fuente: J. J. Durán.

AGUJA

Pico escarpado y fino, formado en rocas graníticas o carbonáticas. P. ej.: agujas de los Galayos (Gredos); aguja del Trevenque (Sierra Nevada).

AIGÜAMOLLS

Término catalán. Hace referencia a humedales o lagunas costeras formadas en la plana litoral situada entre la desembocadura de dos ríos. P. ej.: *aigüamolls* del Empordá (Gerona).

AIGÜES TORTES

Término catalán. Literalmente 'aguas torcidas'. Zona con un drenaje superficial complejo, con escasa pendiente y numerosos cursos de agua sinuosos y pequeñas lagunillas. P. ej.: parque nacional de Aigües Tortes (Pirineo catalán). Ver TUERTO.

ALABASTRO

Nombre de uso común que designa distintos tipos de roca, por lo general, un yeso compacto de color blanco o veteado, translúcido y muy abundante en la depresión del Ebro. En la provincia de Málaga se utilizó antiguamente para denominar la falsa ágata y los travertinos de las localidades de Benalmádena y Mijas, de los que según Álvarez de Linera (1851) se hizo "una vajilla de alabastro" para regalo y disfrute del marqués de la Ensenada.

ALBARIZAS

Tierras blancas, de composición margosa, ricas en diatomeas y radiolarios del Mioceno inferior y medio de la depresión del Guadalquivir, famosas por ser el sustrato de las viñas que producen los mejores vinos de Jerez y Sanlúcar de Barrameda (Cádiz).

ALBEROS

Se denomina así a unas tierras similares a las albarizas gaditanas, en la región vitivinícola de Montilla (Córdoba). También se utiliza este término para un tipo de calcarenita de vivo color amarillo del Plioceno marino de la parte baja de la depresión del Guadalquivir, muy utilizada como arena para los cosos taurinos.

ALBINA

Zona perilagunar encharcada muy ocasionalmente (en momentos de máxima inundación) que posee un color claro característico. P. ej.: albina de Santillán, albina de Charcona, en la laguna de Fuentedepiedra (Málaga).

ALBUFERA

Laguna costera normalmente aislada del mar abierto por una barrera de arena o grava, a veces con algunas aperturas o golas. P. ej.: albuferas de Adra (Almería); albufera de Valencia. En raras ocasiones se denomina también así a una laguna o humedal de interior, como la albufera de Gayanes (Alicante), antiguamente desecada y recuperada recientemente.

FIGURA 3

VISTA DE LA ALBUFERA DE VALENCIA, DE GRANDES DIMENSIONES Y AGUAS NAVEGABLES, UTILIZADAS PARA LA PESCA Y EL CULTIVO DEL ARROZ

Fuente: J. A. Domínguez.

ALCABÉN

En la comarca de la Alcarria, rambla, cárcava o torrente de funcionamiento hidrológico esporádico.

ALCOR

Colina achatada, cerro, paraje elevado, altozano, meseta inclinada. P. ej.: Mairena del Alcor (Sevilla).

ALFAGUARA

Manantial, surgencia kárstica de agua subterránea que emerge puntualmente de forma violenta, a veces conectada con una cavidad que la alimenta. P. ej.: sierra de la Alfaguara (Granada); alfaguara del Cinojal (sierra de las Nieves, Málaga).

ALFAMBRA

Colina de color rojo. El término deriva del árabe: 'la roja'. En Alfambra (Teruel) dicho color corresponde a las arcillas miocenas que afloran en el entorno. En la localidad de Alhambra (Ciudad Real), son las areniscas y arcillas del Triásico las que otorgan el color y la denominación. Idéntica etimología y significado justifica el nombre de la célebre Alhambra de Granada, en este caso derivado del sustrato de conglomerados rojizos de edad pleistocena.

ALFAQUE

Banco arenoso de origen fluviodeltaico. P. ej.: puerto de los Alfaques (delta del Ebro, Tarragona).

ALGEZ

Yeso, terreno yesífero utilizado para la fabricación del yeso anhidro destinado a la construcción. Voz utilizada en Andalucía, Castilla y León, Castilla La Mancha y Aragón. El lugar donde se produce el yeso se denomina *aljecería*; y los grandes fragmentos de yeso que se encuentran diseminados por el campo *algezones*. También se utiliza el término *aljez*.

ALHAMA

Topónimo relativo a la presencia de manantiales de aguas termales, utilizados con frecuencia como balnearios. Término derivado del árabe: 'los baños'. P. ej.: Alhama de Granada, Alhama de Almería o Alhama de Murcia.

ALMADÉN

Del árabe: 'la mina'. Aplicado al yacimiento de cinabrio de Almadén, el mayor depósito mineral conocido de mercurio. P. ej.: Almadén (Ciudad Real); cerro de los Almadenes (Segovia).

ALMAGRA

En Canarias, suelo rojo, quemado, existente por debajo de una colada volcánica. A favor de las almagras surge el agua subterránea en las galerías que se realizan para su extracción.

ALMAGRE

Según Bowles (1775), es una tierra roja fina que se usa para pulir los cristales en Mazarrón (Murcia). Voz proveniente del árabe *al-magra*: 'tierra roja'. En la zona de Sepúlveda (Segovia), es una arcilla rica en óxidos de hierro usada para señalar las ovejas y marcar la lana. Ver ALMAZARRÓN.

ALMAGRERA

Denominación de una sierra del norte de la provincia de Almería famosa por sus mineralizaciones de almagre. P. ej.: sierra Almagrera (Almería).

ALMAJOS

Antiguas motas del río Guadalquivir, en la comarca de Doñana. Ver PACILES.

ALMAZARRÓN

Almagre. Término utilizado en Murcia y Segovia, en este último caso también como *mazarrón*. Ver ALMAGRE.

ALMENDRILLA

Dice Rubio (1920): "El mármol de almendrilla [...] de color pardo claro que se encuentra en las cercanías de Mijas, formando a modo de diques dentro de la dolomía cristalina". Es un conglomerado o brecha pliocuaternaria, de origen continental muy cementada, de color rojizo, con cantos blancos y grises, con el que se fabricaban escalones, columnas y otros elementos arquitectónicos en muchas localidades malagueñas y granadinas.

ALMOLA

Cerro en forma de muela. Del árabe *al-mola*, literalmente: 'la muela'. P. ej.: cerro de la Almola (Parauta, Málaga), Serranía de Ronda (Málaga).

ALMORCHÓN

Cerro de forma redondeada, similar al embutido denominado morcón. P. ej.: pico del Almorchón (Ardales, Málaga); collado de los Almorchones (Navacerrada, Madrid); Cerro Almorchón (Murcia).

ALTO

Elevación montañosa; también puerto de montaña. P. ej.: altos de La Pedriza (Madrid).

ALTOZANO
Cerro o monte de poca altura en terreno llano.

APRETURA
Estrechamiento en un valle fluvial, similar a una cerrada o estrecho. P. ej.: apretura del Almonte (Cáceres).

ARCILLA
Además de la tradicional acepción geológica de arcilla como un sedimento detrítico de grano muy fino, plástico y untuoso, en Segovia se denomina así a un tipo de jabre o arena gruesa de matriz arcillosa obtenida como resultado de la alteración de los granitos (Díez y Martín Duque, 2005).

ARENAL
Playa arenosa en la costa Cantábrica. P. ej.: arenal de Moris (Asturias); El Arenal (Bilbao).

ARENALES
Nombre de una comarca de la provincia de Valladolid donde abundan las arenas de origen eólico.

ARGAYO
Deslizamiento, movimiento en masa a favor de la ladera en terrenos blandos. Voz típica asturiana.

ARRECIFE
Bajío rocoso del litoral marino. P. ej.: arrecife de las Sirenas (Cabo de Gata, Almería). Geológicamente, un arrecife es un edificio fósil incorporado al registro geológico, bioconstruido por organismos que vivían fijos en el fondo marino, como corales y rudistas. P. ej.: arrecife messiniense de Santa Pola (Alicante).

ARRIBES

Desfiladero fluvial, profundo y de gran longitud, encajado en rocas duras paleozoicas. P. ej.: las arribes del Duero (frontera con Portugal, a lo largo de las provincias de Zamora y Salamanca.

FIGURA 4

PANORÁMICA DE LAS ARRIBES DEL DUERO (SALAMANCA)

Fuente: J. J. Durán.

ASPERÓN

Para Orueta (1917), es una arenisca compacta de grano fino, de color amarillo o rojizo, típica del permotrías maláguide, que se empleaba tradicionalmente como piedra de afilar. P. ej.: cerro de los Asperones (Málaga).

ASTILLAS DE SAN ISIDRO

Denominación del siglo XIX para los núcleos de sílex tallados en época prehistórica que se encontraban con frecuencia en los valles del Manzanares y del Jarama, en Madrid (Ayarzagüena *et al.*, 2004).

ATANORES

Romero (2003) dice que los atanores de los mineros son cavidades naturales de formas redondeadas y tamaños decimétricos a métricos, interceptadas por las galerías mineras, donde se concentraban los cristales de gran tamaño de scheelita típicos de la mina Conchita (Estepona, Málaga).

AVENC

Término catalán. Se utiliza para denominar una sima o cavidad kárstica de desarrollo fundamentalmente vertical. P. ej.: *avenc* del Campillo (Tons, Valencia).

B

BAJA

Rocas o conjunto de islotes cercanos a la costa que quedan al descubierto cuando baja la marea. P. ej.: Las Bajas (Lanzarote); baja de Los Charcos (Lanzarote).

BAJIAL

Voz malagueña. Según Del Pino (2006), es la "parte de la costa poco profunda".

BALCÓN

Mirador natural. Lugar, por lo general, elevado, desde donde se divisa una panorámica privilegiada del entorno. P. ej.: balcón de Pineta (valle de Pineta, Huesca).

BARRANCAS

En Segovia, según Díez y Martín Duque (2005), es el "lugar donde se extraía la arcilla para cerámica". También designa un conjunto de acarcavamientos de excepcional belleza. P. ej.: barrancas de Burujón (Toledo).

BARRANCO
Término con dos acepciones: valle fluvial encajado, con fuerte pendiente y morfología abrupta; y, en las vertientes mediterráneas, rambla, torrente.

BARRERAS
Ver BARRANCAS.

BARRETAS
Finos hilos de rutilo, incluidos en cristales de cuarzo, procedentes de la localidad de Horcajuelo (Madrid).

BERROCAL
Terreno granítico desnudo de morfología compleja, con abundantes bloques redondeados sueltos, denominados *berruecos*. P. ej.: berrocal de Huebra (Salamanca).

BERROQUEÑA
Según Bowles (1775), la piedra berroqueña es el "granito gris o pardo de los montes carpetanos", muy utilizada en las ciudades castellanas para la construcción de edificios emblemáticos.

BERRUECOS
Bolos graníticos redondeados de gran tamaño. P. ej.: Los Berruecos (Cáceres).

BIZCORNIL
Roca sedimentaria de la provincia de Málaga. Orueta (1917) la define como arenisca pliocena de grano grueso que se emplea como piedra para la construcción en la costa malagueña. Rubio (1920) añade: un "tramo de areniscas pliocenas que en el país se conoce con el nombre de bizcornil [...], en algunos sitios es una brecha de tal dureza y combinación de colores que puede servir de piedra de ornamentación".

BODÓN

Charca, bodonal, zona deprimida con agua, que suele quedar seca en verano. Son frecuentes en las provincias del norte de Castilla (El Bodón, Salamanca). El término procede del latín *buda* ('espadaña'), debido a que suele presentar vegetación de tipo palustre.

BOFIA

Colapso o hundimiento de la superficie del terreno por la disolución de sal presente en el subsuelo. P. ej.: bofia de Cardona (Barcelona).

BOLAS

Agregados esféricos de arena, de un tamaño comprendido entre unos milímetros y medio metro, presentes en los sedimentos detríticos del Cretácico superior de la vertiente norte de la sierra del Guadarrama. Se llaman *pítoles* en Orejana (Segovia) y *venus de Sepúlveda* en dicha localidad segoviana. También se denominan así unas concreciones similares en la localidad de Jayena (Granada).

BOLAS DE CAMARETAS

Pequeñas concreciones centimétricas, de forma esférica o arriñonada de ópalo, presentes en los sedimentos lacustres miocenos y pliocenos de la comarca de Hellín, muy abundantes cerca de la localidad de Agramón (Albacete). Ver MUÑECOS.

BOLILLO

En Málaga, piedra pequeña y redondeada.

BOLOS

Cantos rodados de gran tamaño, por lo general de origen fluvial.

BONAL

Bodonal en Castilla-La Mancha, terreno anegado, a veces turboso. P. ej.: bonal del barranco de los Membrillos (Ciudad Real).

BOQUERÓN

Estrecho o desfiladero fluvial abierto en rocas duras. P. ej.: boquerón del Estena (parque nacional de Cabañeros, Ciudad Real).

BOQUETE

Escotadura, paso entre montañas con forma de "u". P. ej.: boquete de Zafarraya (entre las provincias de Málaga y Granada).

BORBOTONES

Surgencias kársticas en las que el agua sale con energía al exterior. P. ej.: Los Borbotones (Uña, Cuenca); fuente del Borbotón (Peal del Becerro, Jaén).

FIGURA 5

BORREGUILES EN LA PARTE ALTA DE SIERRA NEVADA (GRANADA)

Fuente: S. Martos.

BORREGUILES

Zonas encharcadas semicolmatadas por sedimentos finos, con vegetación específica, típicas de la parte somital de Sierra Nevada (Granada).

BRECHA

Conglomerado de cantos angulosos. Tajadura en una cuerda montañosa, paso entre montañas. P. ej.: brecha de Roldán (parque nacional de Ordesa, Huesca).

BUFADOR

Agujero cercano a la costa por el que, en momentos de tormenta, sale el agua expulsada hacia arriba con violencia. P. ej.: bufador de Peñíscola (Castellón).

BUFÓN

Bufador. Cavidad por la que el agua de mar salta por encima de la superficie bruscamente durante las tormentas. En ocasiones puede alcanzar varias decenas de metros de altura. P. ej.: bufones de Arenillas (Puertas de Vidiago, Asturias).

BUJADOR

En Menorca, bufador.

BUJEO

Deslizamiento, movimiento superficial del terreno que se produce, por lo general, en sedimentos arcillosos o margosos. Es una voz típica de Andalucía. P. ej.: El Bujeo (Tarifa, Cádiz).

BUJERCAL

Zona en la que abundan los bujeos o movimientos del terreno superficiales, normalmente de naturaleza arcillosa. P. ej.: El Bujercal (extremo distal del abanico de la rambla de Nogalte, Murcia).

BURBUJA
Referido a un tipo de jameo volcánico, es un hueco subcircular formado por procesos de vaporización de agua. P. ej.: burbuja de la Fundación César Manrique (Lanzarote).

BURGA
Manantial termal. Son muy abundantes en Orense.

C

CABEZAS

Cerros alargados, separados por vaguadas. P. ej.: Las Cabezas (Monterrubio, Segovia). También cerro aislado, de punta roma: cabeza Illescas (Manzanares El Real, Madrid), antiguamente denominado cabezo del Yescar, según Bernaldo de Quirós, (1923).

CABEZO

Cerro aislado y prominente, por lo general más o menos puntiagudo. En el sureste de la península ibérica son abundantes los cabezos de origen volcánico. P. ej.: cabezo María (Antas, Almería). También se utiliza para un bajío rocoso, de punta redondeada, cercana a la superficie del mar. Ver CABEZAS.

CACHÓN

Salto o casacada de gran tamaño en un cauce fluvial, condicionado por una barrera litológica de rocas duras. P. ej.: cachón de Cameces (las arribes del Duero, Salamanca).

FIGURA 6

CACHÓN DE CAMECES (SALAMANCA) EN ÉPOCA SECA

Fuente: J. J. Durán.

CAHORRO

Garganta, desfiladero fluvial alto y estrecho. P. ej.: cahorros del Chíllar (Nerja, Málaga); cahorros de Monachil (Granada).

CAHOZO

Remanso o estancamiento de las aguas de un curso fluvial, habitualmente en una zona más profunda del cauce. Es una voz frecuente en Extremadura y menos usual en Andalucía. P. ej.: cascada del Cahozo (Navaconcejo, Cáceres); arroyo del Cahozo (Badajoz).

CAIDERO

En la isla de Gran Canaria, chorrera, cascada de agua. Muchas de ellas presentan las paredes teñidas con óxidos de manganeso, de color negro muy llamativo. P. ej.: umbría del Caidero (Gran Canaria).

CAJORRO

Para Del Pino (2006) es una "hondonada del terreno de difícil acceso". Habitualmente se usa como sinónimo de cahorro en ciertas zonas de Andalucía.

CALABACITAS PETRIFICADAS

Álvarez de Linera (1851) los define como "nódulos de pedernal o menilitos" (sic), presentes en Los Cantales, relieves calizos existentes entre las ciudades de Málaga y Vélez Málaga, en capas de arcilla alternantes con calizas de edad jurásica.

CALAMORRO

Cerro redondeado. P. ej.: Calamorro (sierra de Mijas, Benalmádena, Málaga). Ver CAMORRO.

FIGURA 7

SUPERFICIE SOMITAL INTENSAMENTE KARSTIFICADA DEL CALAR DEL MUNDO (ALBACETE)

Fuente: J. J. Durán.

CALAR

Altiplano o superficie kárstica con forma de meseta, de gran extensión, con multitud de dolinas y campos de lapiaz. P. ej.: calar del Mundo (Albacete).

CALDAS

Manantiales de aguas minerales termales, es decir, aguas que surgen con temperaturas por encima de la media ambiental. P. ej.: caldas de Malavella (Gerona).

CALDERA

Depresión volcánica de gran tamaño, generada por el hundimiento de una cámara magmática por deslizamiento o por una explosión freatomagmática. P. ej.: caldera de Bandama (Gran Canaria). La caldera de Taburiente, en la isla de La Palma, donde se definió originalmente el término en su sentido geológico por el geólogo alemán Leopold von Buchen en 1825, no es en realidad una auténtica caldera de origen volcánico, sino una morfología erosiva con una forma semejante. En Segovia se denominan también calderas a las marmitas de gigante o pozas del tramo alto de algunos ríos. P. ej.: calderas del Cambrones (La Granja de San Ildelfonso, Segovia).

CALDERETA

Pequeña morfología volcánica, en realidad un cráter volcánico. P. ej.: montaña La Caldereta (Lanzarote).

CALDERETAS

Pozas de agua en una cascada travertínica. P. ej.: Las Calderetas (nacimiento del río Mundo, Albacete).

CALETA

Voz malagueña que define, según Del Pino (2006), una cala pequeña o ensenada litoral. P. ej.: caleta de Vélez (Málaga).

CALETÓN
Pequeñas oquedades o piscinas naturales en el litoral rocoso marino. P. ej.: caletón Blanco (Lanzarote); caletón de Garachico (Tenerife); El Caletón (Salobreña, Granada).

CAMBUTAS
Marmitas de gigante en el lecho rocoso de un río. P. ej.: desfiladero de las Cambutas, antiguo nombre del desfiladero de los Gaitanes (El Chorro, Málaga), atravesado por el famoso caminito del Rey. El origen del término está relacionado probablemente con la voz *camba*: fragmento curvo de las ruedas de los carros.

CAMORRO
Cerro redondeado desprovisto de vegetación. P. ej.: camorro de Navalvillar de Ibor (Cáceres). En el Torcal de Antequera (Málaga) se denominan así a algunas cumbres de forma plana, pero que destacan sobre el relieve laberíntico de la meseta kárstica que forma dicho paraje, como el camorro de los Monteses o el camorro de las Siete Mesas.

CAMPIÑA
Relieve suave y alomado, labrado en sedimentos blandos, situado por encima de las vegas aluviales. Es frecuente en las grandes depresiones terciarias que se corresponden con los grandes ríos peninsulares, como el Guadalquivir o el Duero. P. ej.: campiña de Carmona (Sevilla); campiña de Jerez (Cádiz).

CANCHA
Ver CANCHO.

CANCHAL
Acumulación de cantos sueltos al pie de las laderas montañosas, o vinculada a zonas de cambios abruptos de pendiente,

en macizos de naturaleza carbonática, cuarcítica, o granítica. P. ej.: canchales de la Mujer Muerta (Segovia). En relación con litologías graníticas, también se puede referir a un berrocal o lugar donde afloran numerosas rocas de distintos tamaños.

CANCHO

Roca de gran tamaño. En La Pedriza de Manzanares (Madrid), zona con profusión de grandes bloques rocosos: cancho del callejón de la Abeja, cancho de los Muertos. En Extremadura, el cancho Roano (Zalamea de la Serena, Badajoz), con un extraordinario yacimiento arqueológico tartésico.

CANCHORRAL

Acumulación o tapón de rocas de gran tamaño en la parte superior de una garganta o cañón, que se desobstruye de manera brusca. P. ej.: canchorral de Hormas (Liébana, Cantabria).

CANTAL

Promontorios rocosos litorales. Al este de la ciudad de Málaga, existen varios de naturaleza caliza, como El Cantal Chico y El Cantal Alto.

CANTO

Bloque granítico aislado por la erosión. P. ej.: canto Cochino (La Pedriza de Manzanares, Madrid).

CAÑÓN

Desfiladero, entalladura fluvial excavada en rocas duras y resistentes, que alcanza profundidades importantes, decenas o centenares de metros, con paredes o laderas muy pronunciadas, llegando a ser subverticales. P. ej.: cañón del

Duratón (Segovia); cañón de los Almadenes (Hellín, Albacete).

FIGURA 8

CAÑÓN DEL DURATÓN (SEGOVIA), EXCAVADO EN CALIZAS CRETÁCICAS

Fuente: J. J. Durán.

CAÑOS

Restos de una antigua red fluvial, hoy inactiva, en las marismas de Doñana (Huelva).

CARACOLAR

Nombre popular de un afloramiento margoso mioceno rico en fósiles marinos. P. ej.: Víznar (Granada).

CARAMELOS

Denominación popular de unos espeleotemas de color azúcar moreno presentes en algunas cuevas menorquinas del término municipal de Ciutadela. P. ej.: cova des Caramells (Cala Blanca, Menorca).

CÁRCAVAS
Áreas intensamente erosionadas, con redes de drenaje muy densas y encajadas, producidas por la erosión de arroyadas sobre materiales poco resistentes, arcillosos o margosos. P. ej.: cárcavas de Marchal (Granada); cárcavas de Castrejón (Toledo). A veces, este término, cuando esta se desarrolla con cierta longitud, equivale a rambla o torrente. Se utiliza también el diminutivo: carcavilla. P. ej.: Las Carcavillas (Solosancho, Ávila).

CASCAHUESOS
Suelo cuarteado en la marisma de Doñana (Huelva) donde han quedado impresas las huellas del ganado. Una vez se han secado, se hace difícil su tránsito a pie desnudo (Garrido, 2000).

CASCAJAL
Lugar rico en fragmentos rocosos de pequeño tamaño. Equivale a cascajar, pedregal o pedriscal. P. ej.: sierra del Cascajal (Huelva).

CASCAJARES
Zona rica en piedras sueltas, cascajos. P. ej.: cerro Cascajares (Igualeja, Málaga).

CASCAJERAS
Zona de acumulación de fragmentos de conchas en los estuarios del litoral onubense. P. ej.: La Cascajera (Punta Umbría, Huelva).

CASQUERA
Pedrera, canchal rocoso. P. ej.: casquera de Santa Ana (Guadalupe, Cáceres)

CASTILLEJOS

Según Orueta (1917), son unas "pirámides denudadas, en forma de castillos pequeños", a modo de las formas típicas de El Torcal de Antequera. P. ej.: Los Castillejos (Sierra de Líbar, Málaga).

CAYUELA

En Cantabria se denomina así a una roca caliza de color azulado, rica en fósiles, de edad cretácica.

CEJA

Parte superior de un monte o una alineación montañosa. P. ej.: ceja del Valle (nacimiento del río Cabriel, Teruel).

CELADA

Denominación local turolense de una dolina o depresión kárstica de gran tamaño. P. ej.: celadas de Bronchales (Teruel).

FIGURA 9

CELADAS O GRANDES DOLINAS EN LA PROVINCIA DE TERUEL

Fuente: J. J. Durán.

CENAJO

Término de dudoso significado, frecuente en las provincias de Almería y Murcia. También se dan las formas *ceñajo* y *cenacho*. Se utilizan para designar un acantilado o cantil, pero igualmente hacen referencia a los abrigos, refugios u oquedades que existen a veces al pie de un risco. P. ej.: cenajo de Peñas Blancas (Jumilla, Murcia); barranco del Cenajo (Almería).

CENTELLAS

Denominación popular de unos cristales de hábito bipiramidal de cuarzo ahumado de pequeño tamaño, incluidos en las arcillas y yesos del Triásico de facies Keuper que abundan en el norte de la provincia de Málaga. Debido a que suelen aparecer en la superficie tras intensas lluvias, los lugareños creen que caen del cielo durante las tormentas, de donde viene su nombre.

FIGURA 10

CUARZOS AHUMADOS O CENTELLAS, PROCEDENTES DE LA LOCALIDAD DE MOLLINA (MÁLAGA)

Fuente: J. J. Durán.

CENTINELA

Rocas verticales de pequeño tamaño. P. ej.: centinela de Vallehermoso (La Gomera).

CERRADA

Paso estrecho en un valle fluvial. Lugar utilizado con frecuencia para construir presas, sobre todo en terrenos rocosos, con frecuencia calizas, que a veces han dado problemas importantes de impermeabilidad. P. ej.: cerrada de la Utrera (Cazorla, Jaén).

CERRAJÓN

Monte o cerro alto y escarpado. P. ej.: cerrajón de los Baños (Periana, Málaga).

CERRIONES

Término popular derivado de *cerrión*. Carámbano, canelón o cirio con el que se designan ciertos espeleotemas de color caramelo, existentes en algunas cuevas menorquinas, en el término municipal de Ciudadela (Armstrong, 1930).

CERRO

Elevación natural del terreno de altura variable, por lo general, aislada. P. ej.: cerro del Cuevón (Picos de Europa).

CHANCALES

Denominación local en Sierra Nevada (Granada) de restos de antiguas lagunas, en la actualidad prácticamente colmatadas.

CHARCA

Poza fluvial donde permanece el agua incluso en el estío. P. ej.: charca Verde (La Pedriza de Manzanares, Madrid). Voz muy frecuente en Extremadura.

CHARCO

Poza pequeña, remanso en un río, charca. P. ej.: charco de la Venta de la Vega (Faraján, Málaga).

CHARCÓN
Depresión natural rellena de agua, en la costa o en el interior, normalmente ligada a un cauce fluvial. Topónimo habitual en el sur de España y en Canarias. En Lanzarote se denominan charcones a una especie de piscinas naturales en las zonas rocosas litorales.

CHISCARRA
Voz típica de la minería de plomo y zinc de las sierras de Gádor (Almería) y Lújar (Granada), que designa a un tipo de rocas dolomíticas brechoides.

CHORRANCA
Salto de agua, cascada fluvial. P. ej.: cascada de la Chorranca (Valsaín, Segovia).

CHORRERA
Cascada fluvial donde el agua cae pegada a la pared rocosa. P. ej.: chorrera de Calabazas (Cáceres); chorrera de los Litueros (nacimiento del río Duratón, Madrid). En Sierra Nevada (Granada), se denomina así a una sucesión de pequeñas cascadas con pendiente escasa.

CHORRERÓN
Cascada que presenta, al menos temporalmente, un caudal importante. P. ej.: cascada del Chorrerón (Alpandeire, Málaga); chorrerón de Pórtugos (Granada).

CHORRO
Denominación de un lugar donde el agua sale con profusión. En ocasiones, está ligado a la existencia de una surgencia kárstica, dando lugar a una espectacular cascada (p. ej.: cueva de los Chorros, calar del Mundo, Albacete); en otras, designa el punto de salida de un estrecho o desfiladero fluvial, donde,

en momentos de crecidas, el agua sale de la zona encajada con violencia (p. ej.: desfiladeros de El Chorro, Álora, Málaga).

CIJA

Voz típica de Teruel que se refiere a una sima o cavidad kárstica vertical. P. ej.: cija de Fortanete (Fortanete, Teruel); cija de los Royos (Villarluengo, Teruel).

CIRCO

Morfología semicircular entre montañas, generada por la erosión glaciar en la zona de cabecera de un valle. Con frecuencia, existen lagunas de sobreexcavación que ocupan los puntos más bajos del circo. P. ej.: circo de Gredos (Navalperal de Tormes, Ávila). También se denominan así otras formas similares, sin relación con la acción glaciar, como ocurre en el circo kárstico de la Safor (Villalonga, Valencia), en la cabecera del río Serpis.

CIUDAD ENCANTADA

Denominación popular de un extenso relieve ruiniforme kárstico ubicado en plena serranía de Cuenca (Ciudad Encantada, Valdecabras, Cuenca). Presenta una variedad morfológica espectacular, con numerosas rocas erosionadas de formas caprichosas: torreones, arcos, setas, tormos, corredores, etc. Existen otros relives similares en la península ibérica, denominados genéricamente ciudades encantadas o ciudades de piedra. P. ej.: Ciudad Encantada de Tamajón (Guadalajara).

FIGURA 11

RELIEVE KÁRSTICO RUINIFORME DE LA CIUDAD ENCANTADA (CUENCA)

Fuente: J. J. Durán.

CLAMOR

Término utilizado en la comarca aragonesa de los Monegros para denominar una rambla o cauce torrencial.

CLOCHAS

Pilancones formados por la meteorización de areniscas triásicas, típicos de la región del Rodeno (sierra de Albarracín, Teruel). A veces, también se denomina así a las pozas fluviales de pequeño tamaño.

COCÓN

Concavidad de pequeño tamaño o microdepresión kárstica superficial labrada normalmente en calizas costeras. En ocasiones se han utilizado para la producción artesanal de sal marina. Término muy utilizado en las Islas Baleares.

COIDOS
En Galicia, se denominan así las playas de grandes bolos o bloques redondeados.

COLLADO
Apertura suave, paso entre montañas donde se produce el cambio de vertiente. Topónimo muy frecuente en toda la geografía española, tanto en las diversas cordilleras y zonas montañosas, como en localidades serranas. P. ej.: Collado Villalba (Madrid).

COMA
Depresión cerrada, normalmente de origen kárstico, en Mallorca. P. ej.: Sa Coma de Mortitx (sierra de Tramontana, Mallorca).

CONCHAS
Formas erosivas labradas en calizas cretácicas muy inclinadas, en ambas márgenes del río Ebro, al pasar del País Vasco a La Rioja. P. ej.: conchas de Haro (Haro, La Rioja). También se utiliza el término en la comarca de las Merindades (Burgos) para designar crestas o resaltes formados en las mismas calizas.

CONFITAL
Voz derivada de *confite*. Se trata de rodolitos, pequeñas concreciones calcáreas, abundantes en ciertas bahías costeras de Canarias, que se utilizaban para hacer cal. P. ej.: bahía del Confital (Las Palmas de Gran Canaria).

CONGOSTO
Desfiladero fluvial muy escarpado y, como su nombre indica, angosto, estrecho. Voz muy frecuente en el Alto Aragón y en Cataluña. P. ej.: congosto de Monrebey o Mont-Rebei (sierra del Montsec, Huesca-Lérida).

CORRAL

Circo glaciar. P. ej.: corral del Veleta (Sierra Nevada, Granada). En Segovia, también se utiliza para referirse a unos pequeños nichos glaciares de algunas cabeceras de la vertiente septentrional de la sierra de Guadarrama. En la comarca de Doñana (Huelva), los corrales son las dunas consolidadas y cubiertas parcialmente por vegetación.

FIGURA 12

CORRAL DEL VELETA, CIRCO GLACIAR EN SIERRA NEVADA (GRANADA)

Fuente: S. Martos.

COTARROS

Cueto, cerro pequeño. P. ej.: El Cotarro (Calabazas de Fuentidueña, Segovia).

COTERO

Voz cántabra, que designa un cerro bajo, pero con fuerte pendiente.

COVACHO

Abrigos, cuevas de escaso desarrollo. P. ej.: covachos de Almadén de la Plata (Sevilla).

CUCA

Denominación popular de ciertas morfologías típicas de la sierra de Guara (Huesca), en forma de peñas enhiestas, separadas del macizo rocoso.

CUCHILLAR

Morfología afilada en crestas sobre cuarcitas. P. ej.: cuchillar del Asomonte (Guadalajara), cerca de Colmenar de la Sierra, junto al río Jarama.

CUCHILLOS

Estratos rocosos dispuestos en posición vertical que originan un relieve muy abrupto por erosión diferencial respecto a los relieves adyacentes. P. ej.: cuchillos del Cabriel (Cuenca).

CUERDA

Cresta montañosa, divisoria. P. ej.: cuerda Larga (Madrid).

CUESTA

Paisaje muy frecuente en la cuenca del Duero, condicionado por un tipo de formaciones geológicas del Terciario denominadas así (facies de las Cuestas), donde abundan las margas, arcillas y niveles duros calizos.

CUEVA
Cavidad kárstica abierta generalmente en rocas carbonáticas o evaporíticas, de trazado subhorizontal y grandes dimensiones, desde decamétricas a kilométricas. Algunas cuevas españolas se encuentran habilitadas para su visita turística. P. ej.: cueva de Nerja (Nerja, Málaga).

D

DADOS

Cubos de pirita oxidada con los que juegan los niños en Domingo García (Segovia).

DARRO

Afluente del río Genil, que a su vez desemboca en el Guadalquivir. El río Darro (Granada) debe su nombre a la presencia de laminillas de oro en sus sedimentos aluviales, procedentes a su vez de los conglomerados policíclicos de la Formación Alhambra, de edad pliocena, que albergan el oro primario procedente del desmantelamiento de las rocas metamórficas de Sierra Nevada. Los placeres auríferos del Darro fueron explotados desde época romana hasta mediados del siglo XIX. En Granada, el término *darro* se utiliza también como sinónimo de alcantarilla o canal de aguas fecales, debido a que en época nazarí existía una acequia dedicada a dicha finalidad.

DEDO

Elemento del relieve "residual", de forma cilíndrica, labrado en distintas litologías. Es muy conocido en Canarias el dedo de Dios, situado en los materiales basálticos de la costa de Gran Canaria y recientemente desaparecido tras una fuerte tormenta marítima.

DEGOLLADA

En Canarias, collado o paso entre dos elevaciones. P. ej.: degollada de Perdomo (Lanzarote).

DERRUMBADAS

Grandes deslizamientos en materiales miocenos de la cuenca del Duero, en la comarca del Cerrato (Hontoria, Palencia).

FIGURA 13

DESFILADERO DE LOS GAITANES (EL CHORRO, MÁLAGA)

Fuente: R. Morales.

DESFILADERO

Cañón, garganta. Paso entre montañas o relieves rocosos, profundo y estrecho, con paredes verticales o muy escarpadas, originado por lo general por la erosión fluvial. P. ej.: desfiladero de la Hermida (Picos de Europa, Cantabria-Asturias); desfiladero de los Gaitanes (El Chorro, Málaga), formado por el río Guadalhorce, famoso porque lo recorre el caminito del Rey, uno de los caminos de pasarela en altura más espectaculares de Europa.

DESPEÑADERO

Precipicio rocoso y escarpado. P. ej.: Los Despeñaderos (Alpandeire, Málaga).

DIAMANTES DE SAN ISIDRO

Denominación popular de un tipo particular de cantos rodados que se encontraban antiguamente en el río Manzanares (Madrid), constituidos por cuarzos hialinos procedentes de las rocas graníticas de la sierra de Guadarrama. Eran frecuentes en San Isidro, enclave famoso por su yacimiento paleontológico de vertebrados fósiles pleistocenos y por ser el lugar de celebración de la famosa verbena madrileña.

FIGURA 14

DIAMANTE DE SAN ISIDRO RECOGIDO EN EL RÍO MANZANARES (MUSEO GEOMINERO, MADRID)

Fuente: Archivo Museo Geominero, IGME.

DIAPIRO

Estructura tectónica a modo de chimenea de dimensiones kilométricas, basada en la capacidad de ciertos materiales geológicos de baja densidad y alta plasticidad de migrar a la superficie terrestre, perforando los materiales suprayacentes para salir al exterior, aprovechando fracturas o zonas de debilidad. Por lo general, están constituidos por sedimentos ricos en evaporitas (sal y yeso) que generan manantiales salinos. Son frecuentes en la cordillera Cantábrica: diapiro de Poza de la Sal (Burgos), diapiro de Estella (Navarra), diapiro de Salinas de Añana (Álava). En Alicante, el diapiro de Pinoso se utiliza para la extracción subterránea de sal mediante un método de inyección de agua y extracción de salmuera.

FIGURA 15

MANANTIAL SALINO EN EL DIAPIRO DE PINOSO (ALICANTE)

Fuente: J. A. Domínguez.

DIENTES

Morfología rocosa en picos de sierra, semejante a dientes de animales o humanos, agrupados o aislados. Con frecuencia, están condicionados por la posición vertical de los estratos de las rocas duras en los que se originan, o bien resultan de la erosión diferencial de filones de diferente litología en relación con la roca encajante, aunque también se dan en series horizontales. P. ej.: diente de la Vieja (Marchal, Granada); dientes de la Vieja (El Molinillo, Granada).

DINERETS

Denominación local de los ejemplares de gran tamaño de los fósiles de *nummulites* en Alicante, debido a su forma similar a las monedas.

DUENDE

Termino con el que se conoce en algunas sierras andaluzas a ciertos manantiales kársticos intermitentes, de tipo *trop plein*. El duende de la Milana, en Carcabuey (Córdoba), situado por encima de la fuente de la Milana es un buen ejemplo. La población local le hace coplas y poemillas al "duende" que hace salir esporádicamente el agua subterránea del interior de la roca caliza. P. ej.: surgencia del Duende (Parque Natural de la Sierra de las Nieves, Málaga).

E

ESCALERUELA

Topónimo muy abundante en el este y sur de la península ibérica, con numerosas variantes: escalihuela, escaligüela, escarihuela, escarrigüela, escarigüela, carihuela, carigüela o caregüela. Vinculado habitualmente a lugares con fuerte pendiente y saltos rocosos, a veces recorridos por caminos tradicionales. P. ej.: La Escaleruela (norte de El Torcal de Antequera, Málaga). También se refiere, en ocasiones, a saltos de agua en el cauce de un río, como en Las Escaleruelas, cascadas labradas en cuarcita armoricana, en el Río Valmayor (sur de Ciudad Real).

ESCOBIO

Voz utilizada con frecuencia en Cantabria para designar una angostura, garganta o paso estrecho en una montaña o en un río.

ESCURRIDERO

Zona por donde chorrea el agua. En El Escurridero (sureste de Solosancho, Ávila), se hace referencia a unos rezumes de agua subsuperficial en materiales graníticos.

ESMATAOS

Charcas temporales desprovistas de vegetación, frecuentes en la zona de rañas del parque nacional de Cabañeros (Ciudad Real).

ESPEJILLO

Localismo conquense para referirse al yeso espejuelo (Bernárdez y Guisado, 2006).

ESPEJUELO

Yeso cristalino, transparente o translúcido, de color blanco o ligeramente acaramelado, fácilmente exfoliable en láminas.

FIGURA 16

CRISTALES DE YESO ESPEJUELO O ESPEJILLOS (CUENCA)

Fuente: J. J. Durán.

ESPERÓN

Piedra de afilar, en la comarca de Doñana, Huelva (Garrido, 2000). Ver ASPERÓN.

ESPLUGA

Término arcaico, derivado del latino *spelunca*, con el que se designa en el Alto Aragón y en Cataluña a algunas cuevas. P. ej.: espluga de Barrau (Sobrarbe, Huesca); espluga de Francolí (Tarragona).

ESQUIENTA

En Cantabria, cima o cresta de una montaña.

ESTRECHO

Hoz, cañón fluvial. P. ej.: estrecho de la Aldehuela (Parque Geológico de Aliaga, Teruel). También se refiere al canal natural que conecta dos mares, océanos o lagos, como el estrecho de Gibraltar, que une el océano Atlántico y el mar Mediterráneo y separa los continentes de África y Europa.

F

FAJA

Grada o resalte topográfico subhorizontal en ciertos valles pirenaicos, que siguen aproximadamente la disposición de la estratificación. P. ej.: faja de Pelay (parque nacional de Ordesa y Monte Perdido, Huesca).

FAJA PIRÍTICA

Zona del suroeste de la península ibérica rica en yacimientos de sulfuros polimetálicos, fundamentalmente de hierro y cobre, explotados desde la antigüedad clásica.

FÁJARA

Surgencia kárstica, fuente. P. ej.: cueva de la Fájara (Canillas de Aceituno, Málaga). Ver ALFAGUARA.

FIGURA 17

YACIMIENTO DE SULFUROS METÁLICOS DE LA FAJA PIRÍTICA IBÉRICA, EXPLOTADO EN UNA CORTA A CIELO ABIERTO (SEVILLA)

Fuente: J. J. Durán.

FLECHA

Depósito litoral de arena, paralelo a la costa, situado en la desembocadura de los ríos, estuarios o deltas. P. ej.: flecha de El Rompido (desembocadura del río Piedras, Huelva); flecha del Fangar (delta del Ebro, Tarragona).

FONTANALES

Surgencias de agua subterránea en paredes verticales de caliza. P. ej.: Los Fontanales (La Ginebrosa, geoparque del Maestrazgo).

FONTANILLA

Surgencia de agua dulce cerca de la línea de costa, en la playa, utilizada tradicionalmente por los pescadores y la población ribereña. P. ej.: playa de la Fontanilla (Conil, Cádiz); playa de la Fontanilla (Marbella, Málaga).

FORADADA

Voz mallorquina que hace referencia a una roca horadada, es decir, con un agujero que la atraviesa de un extremo a otro. P. ej.: La Foradada (costa de la Tramontana, Mallorca).

FIGURA 18

LA FORADADA, EN LA COSTA DE LA TRAMONTANA MALLORQUINA

Fuente: J. M. López.

FORTALEZAS

Capas aisladas de lava de cierta extensión y morfología mesetaria en la isla de La Gomera (Hausen, 1968).

FOZ

Hoz, desfiladero fluviokárstico desarrollado, por lo general, en rocas calizas. Es voz típica de Navarra y de Asturias. P. ej.: foz de Lumbier, foz de Arbayún (Navarra).

FIGURA 19

FOZ DE ARBAYÚN (NAVARRA)

Fuente: J. J. Durán.

FRAILES

Formas del relieve kárstico labradas sobre dolomías y calizas mesozoicas y cenozoicas de distintos dominios geológicos. Alcanzan a veces decenas de metros de altura y dependiendo de la anchura de su base se denominan *frailes* o *monjas*, siendo estas últimas las de base más ancha. P. ej.: Los Frailes (sierra Mágina, Jaén); El Fraile y Las Monjas (valle de Tabladillo, Segovia).

FRARES

Pináculos o agujas de roca caliza de gran tamaño, que alcanzan hasta 50 metros de altura, labrados en calizas del Oligoceno del Prebético. P. ej.: Frares de la Serrella (Quatretondeta, Alicante). Ver FRAILES.

FIGURA 20

ELS FRARES, EXTRAORDINARIO CONJUNTO DE AGUJAS CALIZAS (SIERRA DE LA SERRETA, ALICANTE)

Fuente: J. J. Durán.

FRANCISCANA

La piedra denominada franciscana es, según Álvarez de Linera (1851), una "caliza cristalina, blanca, azulada y gris ceniciento, que a veces es tan dura que se trabaja como mármol en Málaga y Coín, y otras viene por tránsitos insensibles a convertirse en deleznable, arenisca y hasta pulverulenta". Los mineros de los siglos XIX y XX llamaban piedra franciscana a una alternancia de fluorita y dolomía que anunciaba la proximidad de los yacimientos minerales de plomo y zinc, en las sierras de Gádor (Almería), Lújar (Granada) y Almijara (Málaga).

FURNAS

Oquedades, cavidades erosivas típicas de las costas rocosas acantiladas gallegas. P. ej.: playa As Furnas (A Coruña).

G

GABARRO

Enclave o inclusión en rocas graníticas. Por lo general, de color más oscuro que el granito que los incluye y de formas subredondeadas. Son muy frecuentes en los granitos de la sierra de Guadarrama. Merece la pena leer a Mcpherson (1886): "En muchos sitios de la cordillera de Guadarrama pueden verse estos nódulos, y a veces con abundancia extraordinaria. Las aceras de las losas de las calles de Madrid suministran al observador variadísimos ejemplares en forma de manchas de contornos limpios, que se destacan después de que la lluvia ha lavado aquellas, y no pueden menos de llamar la atención. Recuerdo como localidad curiosa en este respecto, el segundo túnel a la salida de Ávila, camino de la Cañada, en donde los gabarros son tan numerosos que el granito de las trincheras simula en todo una pudinga o conglomerado de negros cantos, aglutinado por un cemento gris blanquecino".

FIGURA 21

GABARROS O INCLUSIONES OSCURAS EN LOS GRANITOS MADRILEÑOS UTILIZADOS PARA LA CONSTRUCCIÓN DE NUMEROSOS EDIFICIOS E INFRAESTRUCTURAS DESDE HACE SIGLOS

Fuente: J. J. Durán.

GALACHE

Zona encharcada vinculada a un antiguo meandro fluvial. P. ej.: galache del río Rivillas, afluente del Guadiana (Badajoz). Es una derivación local de la voz más frecuente en la cuenca del Ebro y en otros lugares del norte de la península ibérica: galacho.

GALACHOS

Meandros fluviales abandonados. P. ej.: galacho de Juslibol (río Ebro, Zaragoza). En Segovia, según Díez y Martín Duque (2005), también se denomina así a algunos "barrancos que inciden en las laderas blandas de pendientes suaves".

GALLINICAS

Nombre popular dado en algunas localidades de Guadalajara a ciertos fósiles marinos del Jurásico, como *Rhynchonellas* y *Terebrátulas*, muy abundantes en algunos lugares, especialmente en la localidad de Villanueva de Alcorón.

GÁNDARA

Su significado estricto alude a un terreno bajo, sin cultivar y lleno de maleza. En Galicia, se denomina así, en ocasiones, a una laguna semicolmatada o humedal. P. ej.: gándara de Torneiros (Pontevedra).

GARBANCILLOS

Pequeños resaltes en relieve, de escala milimétrica a centimétrica, presentes en los granitos de La Pedriza (Manzanares del Real, Madrid). Están constituidos por fenocristales que son más resistentes a la erosión que el resto de la roca.

GARGANTA

Desfiladero. Entalladura erosiva, por lo general, de grandes dimensiones, habitualmente ligada al fuerte encajamiento de un curso fluvial (garganta de Cuartos, Gredos, Cáceres); garganta Verde (Zahara de la Sierra, Cádiz).

GARMA

Término utilizado en Cantabria para referirse a una zona o vertiente rocosa muy escarpada. En ocasiones se utiliza más específicamente en terrenos calizos, para referirse a un lapiaz desnudo, de difícil tránsito. Incluso se denomina así a alguna cavidad kárstica: garma Ciega (Soma, Cantabria).

GAVETAS

Término utilizado en la comarca de Doñana (Huelva) para designar zonas de desbordamiento fluvial, con depósito de sedimentos. Ver ROMPIDOS.

GITANAS

Morfologías erosivas labradas en las areniscas del *Buntsandstein* de la comarca de Boniches (Cuenca), denominadas así por su forma cónica, coronadas por una especie de tabla o sombrerete que las protege de la erosión, semejante a las chimeneas de las hadas.

GLERAS

Pedreras, canchales, terrenos donde abundan los fragmentos de piedra o cascajo; voz utilizada comúnmente en Segovia y otros lugares de la península ibérica.

GNEIS TOSTADO

Denominación de Orueta (1917) para un tipo de roca de la serranía de Ronda (Málaga): "Nos ha inducido a llamar a esta roca gneis tostado, queriendo recordar con este nombre la causa que ha producido dicha transformación". Alude Orueta a una roca gneísica en un estado muy avanzado de exomorfismo, con una casi desaparición de su textura original gneísica. Habitualmente presenta una pasta homogénea de feldespato caolinizado, con trozos irregulares de cuarzo y biotita. Aflora cerca de las peridotitas típicas de la comarca rondeña.

GOLA

Boca o canal de conexión entre una albufera litoral y el mar abierto. Existen golas estables en los mayores humedales mediterráneos, la albufera de Valencia y el mar Menor. En Doñana (Huelva), también se denomina así a la zona de la orilla de la playa en la que durante la bajamar se queda retenida el agua (Garrido, 2000).

GOLFO

Ensenada ocupada por un lago de aguas de color verde ubicada en la isla de Lanzarote (Canarias), cuyo origen se atribuye a un posible deslizamiento gravitacional de grandes dimensiones. La acepción tradicional es la de una porción del mar de dimensiones relativamente amplias, situada entre dos cabos. P. ej.: golfo de Vizcaya (Cantábrico); golfo de Valencia (Mediterráneo).

FIGURA 22

EL GOLFO (EL HIERRO, CANARIAS)

Fuente: I. Galindo.

GORG

En Cataluña y Mallorca: garganta, desfiladero fluviokárstico. P. ej.: *gorg* Blau (Mallorca).

GORRÓN

Nódulo o concreción subesférica de pirita granuda que aparecía en las salbandas del yacimiento de cinabrio de Almadén (Ciudad Real).

GRAO

Abertura en una barra litoral que permite la comunicación entre una laguna costera o albufera y el mar abierto. P. ej.: grao de la albufera de Valencia.

FIGURA 23

GRAO DE LA ALBUFERA DE VALENCIA

Fuente: J. A. Domínguez.

GRANATILLAS

Cristales idiomórficos de granates, sueltos por la erosión de los rocas volcánicas donde se encuentran originalmente. P. ej.: Barranco de las Granatillas (Cabo de Gata, Almería).

GREDERA

"Terreno abundante en greda" (Del Río, 2006).

GUIJAR

Zona de piedras, cantos o guijos (García Pérez, 2000).

GUIJARRO

Piedra de pequeño tamaño y redondeada por la erosión y el transporte fluvial, asociada espacialmente a los cauces, riberas y terrazas.

GUIJO

Guijarro de pequeño tamaño, grava. P. ej.: Guijo de Santa Bárbara y Guijo de Granadila (Cáceres).

GRIJO

En La Rioja, canto rodado, piedra que se recoge en el entorno de un cauce fluvial. Se utilizaba tradicionalmente en la construcción.

H

HACHO

Monte o lugar elevado desde el que se divisa el mar y se hacían señales luminosas: hacho de Ceuta (Ceuta), hacho de Álora (Málaga). Por extensión, pico o cumbre destacada, aunque esté en el interior: hacho de Montejaque (Málaga); hacho de Loja (Granada); hacho de Ólvega (Soria).

HERVIDEROS

Se denomina así a aquellos manantiales en los que surge el agua con una cierta cantidad de burbujas gaseosas, a modo de agua hirviendo, por lo general con cierta temperatura, por encima de la habitual en las aguas subterráneas del entorno. Son frecuentes en zonas con vulcanismo reciente. En el Campo de Calatrava (Ciudad Real), por ejemplo, abundan los baños de aguas minero-medicinales, como los hervideros del Emperador. También recibe esta denominación el Balneario Hervideros de Cofrentes (Valencia). Otra acepción de este término es la de los bufaderos existentes en algunos puntos del litoral volcánico canario, que expulsan agua del mar pulverizada a gran altura cuando hay temporal. P. ej.: Los Hervideros (Lanzarote).

HOCINA

Hoz pequeña, voz de uso poco habitual. P. ej.: Hocina (comarca de las Merindades, Burgos).

HOCINOS

Estrechamientos fluviales, hoces de pequeño tamaño. P. ej.: desfiladero de los Hocinos (Burgos). También frecuente en Segovia.

HONDONERO

Denominación de una depresión topográfica. P. ej.: llano del Hondonero (Villanueva del Rosario, Málaga).

HORÁ

Voz andaluza referida a horadada, es decir, agujereada. La cueva Horá (Darro, Granada) es una cavidad kárstica que atraviesa un cejo calizo con una boca superior, en forma de dolina, un túnel y una gran boca inferior con un yacimiento arqueológico importante. Ver FORADADA.

HORNITOS

Estructuras volcánicas de pequeño tamaño con forma cónica o subredondeada y una salida cenital o lateral, generadas por emisión de gases, a veces alineadas a favor de una fractura. Muy frecuentes en el parque nacional de Timanfaya, en Lanzarote (hornitos del Echadero de los Camellos); aunque se encuentran también en otras islas del archipiélago canario (hornito del Manto de la Virgen, Gran Canaria).

FIGURA 24

HORNITO DEL MANTO DE LA VIRGEN (TINAJO, GRAN CANARIA)

Fuente: I. Galindo.

HOYA

Depresión, zona baja situada entre montañas, a veces en forma de anfiteatro. Puede ser de pequeño tamaño, decamétrico, o de dimensiones kilométricas (p. ej.: hoya de Málaga). En ocasiones, también designa una depresión de origen fluvial, por lo general situada en la cabecera de una cuenca. P. ej.: hoya de la Majada de las Vacas (Periana, Málaga).

HOYICIOS

Agujeros en cuarcitas, de algunos metros de longitud, cerca del nacimiento del río Guadalupejo (Guadalupe, Cáceres). Su origen es indeterminado, aunque muy posiblemente minero.

HOYÓN

Dolina de grandes dimensiones en forma de embudo. P. ej.: El Hoyón de Ródenas (Teruel).

HOYONES

En el cerro de Los Hoyones (Farajján, Málaga), hace referencia a la naturaleza caliza del mismo y a la presencia de dolinas.

HOYOS

Depresiones, zonas cerradas por relieves montañosos. P. ej.: Hoyo de Manzanares (Madrid). También se utiliza para designar algunos circos glaciares en la sierra de Guadarrama. Igualmente, se denominan así algunas dolinas y torcas, en terrenos kársticos. P. ej.: Cañada del Hoyo (Cuenca).

HOZ

Desfiladero fluvial, voz utilizada frecuentemente en el centro y en el norte de la península ibérica. P. ej.: hoces del Cabriel (Cuenca-Valencia); hoces de Vegacervera (León). Sin embargo, aparece puntualmente en ubicaciones más meridionales. P. ej.: hoz del arroyo Marín (Archidona, Málaga).

HUECO

Valle pequeño y estrecho en La Pedriza de Manzanares (Madrid): hueco de las Hoces.

HUMO

Agua pulverizada que se eleva desde el fondo de una cascada fluvial en la que el agua cae desde cierta altura. P. ej.: pozo de los Humos (Salamanca).

HUNDAS

Pequeñas dolinas o depresiones kársticas. P. ej.: hundas de La Mata o de Arcones (Segovia).

HUNDIDERO

Valle ciego, de origen fluviokárstico. P. ej.: cueva del Hundidero (Montejaque, Málaga). También se utiliza para nombrar depresiones del terreno, a veces ligadas a procesos de deslizamiento o desprendimientos.

HUNDIDO

Desprendimiento rocoso. El hundido de Armallones, situado en el parque natural del Alto Tajo (Guadalajara), es un gran desprendimiento rocoso histórico, que se produjo en el siglo XVI y que casi llegó a cegar el cauce del río Tajo.

I

IBÓN

Lago de montaña ubicado en una cubeta de origen glaciar. Es voz típica del Pirineo aragonés, posiblemente de origen prerromano, y quizás emparentada con el término vascuence *ibar* ('río'), que designaba originariamente una fuente o manantial donde nace un río. Se conocen casi 200 ibones, de gran variedad de formas y tamaños, casi todos situados por encima de los 2.000 metros de altitud. Algunos de los más conocidos son: el de Anayet, el de la Basa de la Mora, el de Cregüeña, el de Piedrafita, el de Batisielles o el de Acherito.

FIGURA 25

CONJUNTO DE IBONES EN EL PIRINEO OSCENSE

Fuente: J. Lambán.

J

JABALUNA

Voz malagueña, referida por del Pino (2006) como "piedra blanca de gran dureza". También se utilizaba en la zona de Tarifa (Cádiz) para designar a las "calizas y areniscas de la sierra de la Plata y la loma de San Bartolomé [...] [que] sirvieron para los mampuestos de la mayoría de los muros, para losas de las calles, los peldaños de las escaleras y los umbrales de las puertas" (Román, 2007).

JABLE

Arenas eólicas del sector central de la isla de Lanzarote. Procede del término francés *sable* ('arena'). También aparece el término como topónimo en la isla de Fuerteventura (morro Jable).

JABRE

Arena suelta de grano grueso, procedente de la meteorización superficial del granito. Se utiliza con mucha frecuencia, aunque no exclusivamente, en Galicia.

JACINTOS DE COMPOSTELA

Cristales de cuarzo de color rojo intenso, de hábito prismático y terminación bipiramidal, que aparecen con frecuencia incluidos en materiales sedimentarios detrítico-evaporíticos triásicos de la cordillera ibérica, en especial de la Comunidad Valenciana, Castilla-La Mancha y Aragón. El nombre deriva de que, al parecer, los peregrinos que realizaban el Camino de Santiago solían llevar algunos ejemplares de estos cuarzos rojos como amuleto.

FIGURA 26

EJEMPLARES DE JACINTO DE COMPOSTELA DEL MUSEO GEOMINERO DEL IGME

Fuente: Archivo Museo Geominero, IGME.

JAMEO

Término de origen guanche, exclusivo de las islas de Lanzarote y Alegranza. Designa un agujero en la superficie producido por el hundimiento del techo de una cavidad volcánica subsuperficial, por lo general un tubo volcánico. La mayor parte de los grandes jameos conocidos en Lanzarote se alinean a lo largo del tubo volcánico del volcán de La Corona: jameo de Puerta Falsa, jameo Tacho, jameo Cumplido y jameos del Agua, este último habilitado para su visita turística. En la actualidad, el término también se utiliza para cualquier socavón producido por el hundimiento de una cavidad volcánica cercana a la superficie, incluso para aquellos modificados antrópicamente para la plantación de árboles frutales.

JASPÓN

Caliza blanca y roja de edad jurásica, utilizada para la construcción de algunos monumentos, como la catedral de Málaga. Se conocen canteras antiguas en el cerro de San Antón, cerca de Málaga capital (Álvarez de Linera, 1851). Dice Rubio (1920): "La roca denominada en el país jaspón es una caliza muy compacta de colores rojizos", de edad titónica. Por su parte, Orueta (1917) dice que jaspón es el nombre local de una caliza de edad jurásica de la serranía de Ronda, "muy compacta, tenaz, de grano finísimo, de color amarillo claro o rojo, y de fractura concoidea, que se presenta bien estratificada, en bancos que rara vez miden menos de un decímetro de espesor y llegan a veces hasta cerca de un metro. Se emplean mucho para labrar sillares y para piedra corriente de construcción en forma de mampuestos. Son, pues, frecuentes las canteras de ella".

JOU

Denominación local de un hoyo rocoso de grandes dimensiones (*joyu*, *jou*, a veces también *jue*) en Picos de Europa (Asturias). En realidad, son dolinas de origen nivo-kárstico, por lo general de tamaño y desarrollo importantes, tanto en horizontal como en vertical, muy frecuentes en la parte alta de los Picos. Los más importantes tienen nombre propio, como jou Santo, jou de los Cabrones, jou Negro, jou Grande, etc.

JOYU

Depresión kárstica de montaña. Ver JOU.

JUE

Ver JOU.

FIGURA 27

PANORÁMICA DEL DENOMINADO JOU GRANDE
(PICOS DE EUROPA, ASTURIAS)

Fuente: Daniel Ballesteros y Mónica Meléndez.

K

KARST

Término derivado del topónimo *kras*, nombre de la región calcárea situada a caballo entre Eslovenia y el norte de Italia, hoy denominada Karst clásico. Se germanizó hacia la voz *karst*, y a partir de finales del siglo XIX se generalizó en la literatura científica geomorfológica e hidrogeológica para designar aquellos territorios donde afloran rocas carbonáticas o evaporíticas, en los que la disolución superficial y subterránea a partir del agua acidulada con dióxido de carbono desempeña un papel predominante, generando una particular arquitectura geomorfológica y un funcionamiento hidrogeológico singular. Depresiones cerradas como dolinas y poljés, campos de lapiaces, cañones kársticos, cuevas y simas, pérdidas y surgencias, son formas características de los terrenos kársticos. En España, el término *karst* como topónimo oficial es muy reciente, encontrándose por ejemplo en la denominación del paraje natural del Karst yesífero de Sorbas (Sorbas, Almería).

FIGURA 28

KARST EN YESOS DE SORBAS (ALMERÍA)

Fuente: J. J. Durán.

L

LAMIDAS

Adjetivo aplicado a las rocas pulidas por la acción de los glaciares, en La Pedriza de Manzanares (Madrid).

LANCHA

Piedra lisa y plana. Ver LASTRA, LASTONAR, LASTRILLA.

LANTEJUELA

Según Del Río (2006), es una "variedad de pizarra susceptible de ser dividida en lajas, que es abundante en las canteras de la provincia malagueña", aunque en la provincia de Málaga no existen apenas canteras de pizarra.

LAPIS CRUCIFER

Cristales de andalucita, de la variedad quiastolita, utilizados como elemento simbólico entre los antiguos peregrinos del Camino de Santiago (Calvo, 2016).

LAPIS SPECULARIS

Yeso espejuelo, en grandes cristales, explotados por los romanos en las numerosas minas existentes en el entorno de Segóbriga, Cuenca (Bernárdez y Guisado, 2006).

LASTONAR

Superficie de rocas planas, estratificadas y de escaso espesor denominadas lastras. P. ej.: Los Lastonares (sierra de los Cabos, Málaga).

LASTRA

Superficie plana en rocas calcáreas, excepcionalmente en granitos. Voz frecuente en la mitad septentrional de la península ibérica. P. ej.: cueva de La Lastrilla (Cantabria).

LASTRÓN

Denominación popular de un conglomerado de cemento calizo. Término utilizado en la provincia de Almería.

LAUNAS

Voz típica de Las Alpujarras referida a las filitas, rocas metamórficas de bajo grado del complejo alpujárride, que se utilizan en la arquitectura tradicional como material para techar e impermeabilizar las cubiertas planas de las viviendas en las provincias de Granada y Almería.

LAVAJOS

Charcas o lagunas, casi siempre temporales, de la comarca de La Moraña (Ávila) y del occidente de la provincia de Segovia.

LLÁBANA

Voz asturiana que designa una piedra grande, lisa y llana.

FIGURA 29

LAUNAS O FILITAS DEL COMPLEJO ALPUJÁRRIDE, UTILIZADAS PARA IMPERMEABILIZAR LOS TECHOS DE LAS CASAS ALPUJARREÑAS (GRANADA)

Fuente: J. J. Durán.

LLÁMARGO

Voz asturiana que designa un lugar húmedo, encharcado, con agua estancada. Con frecuencia presenta vegetación hidrófila.

LLAMBRIA

Parte de una peña rocosa que presenta un plano inclinado más o menos continuo, típica de algunos macizos graníticos. Dice Bernardo de Quirós (1923): "La cueva de la Mora se abre en una gran llambria de 50 metros de longitud y muy inclinada, sumamente pulida", para describir un sector de La Pedriza de Manzanares (Madrid).

LLAMBRIÓN
Denominación de un pico calcáreo del macizo central de los Picos de Europa: Torre del Llambrión (León).

LLANO
Depresión cerrada de fondo plano, poljé. P. ej.: llanos del Republicano (Villaluenga del Rosario, Cádiz).

LLOMBO
En Asturias, lomo, espalda o cumbre de un monte.

LLOVEDOR
Manantial que brota en forma de delgada lámina de agua que resbala por la pared. P. ej.: El Llovedor (Castellote, Teruel).

LOMA
Otero, elevación de escasa altura. P. ej.: Las Lomas del Gállego (Zaragoza).

LOMBA
Voz cántabra, loma.

LOMOS
Lomas divisorias entre cuencas fluviales. Término utilizado en Segovia.

LORA
Páramo calizo, meseta condicionada, por lo general, por una estructura sinclinal suave. P. ej.: lora de Valdivia (Burgos-Palencia).

LOSA DE TARIFA
Ver PIEDRA DE TARIFA.

LUCIOS

Zonas interfluviales deprimidas en el entorno de la desembocadura del río Guadalquivir (Doñana, Huelva). P. ej.: lucios de El Cangrejo, de los Ánsares y del Membrillo.

M

MADRE

Término en desuso en hidrología, que designa el cauce menor o lecho de un sistema fluvial. Se utiliza con frecuencia para referirse a los canales de drenaje o zanjas, por lo general artificiales, que drenan algunos humedales. En Doñana, según Garrido (2000), una madre es el "cauce interno principal del sistema marismeño". En Canarias, con ese término se alude a algunos nacimientos de agua. P. ej.: barranco de la Madre (Gran Canaria).

MADREVIEJA

Fragmento inactivo, no funcional o abandonado de un cauce fluvial, por diversas circunstancias: modificación del trazado del cauce principal, meandro estrangulado u otras. También se denominaban así las alcantarillas que servían como redes de drenaje de las aguas residuales, sobre todo en Andalucía.

MALLOS

Formaciones geomorfológicas verticales, erosivas, de gran tamaño, cercanas a un acantilado rocoso formado por conglomerados terciarios. Son típicos del Prepirineo aragonés. P. ej.: mallos de Riglos, mallos de Agüero (Huesca).

MALPAÍS

Terreno difícil de transitar, formado habitualmente por fragmentos de lavas de erupciones volcánicas recientes que forman un microrrelieve muy complejo, inhábil para usos agrícolas. En España es un término muy común en las islas Canarias: malpaís de Güimar (Tenerife), malpaís de la Corona (Lanzarote).

FIGURA 30

TÍPICO MALPAÍS DE ORIGEN VOLCÁNICO (ISLAS CANARIAS)

Fuente: J. J. Durán.

MAMBLAS

Cerros o montecillos aislados con forma de tetas femeninas o mamas. Es frecuente, con esa forma o derivadas, que se denominen también *mamblillas* o *mambrilla* en el tercio norte peninsular. P. ej.: Las Mamblas (Covarrubias, Burgos).

MAMOLA

Promontorio rocoso con forma de pecho femenino. P. ej.: La Mamola (Castell de Ferro, Granada).

MANCHA

Denominación de una extensa región natural de la submeseta meridional de la península ibérica, La Mancha, que constituye una altiplanicie árida. Según Hernández Pacheco (1956), el nombre procede del árabe y significa 'sin agua'; aunque algunos lingüistas creen más probable su derivación de otro término árabe con el significado de 'alta planicie o meseta'. Existen varios topónimos y algunos derivados, como: mancha de Montearagón, mancha Alta, mancha Baja, La Manchuela... todos ellos incluidos en el mismo ámbito geográfico mayor.

MANZARRÓN

Ver MAZARRÓN.

MARÉS

Denominación popular y de los canteros baleares de un conjunto de rocas de edades geológicas recientes (Mioceno superior a Holoceno), utilizadas para la construcción. La variedad más extendida del marés es una biocalcarenita, aunque existen también eolianitas, calizas recifales y otras litologías agrupadas bajo la misma denominación, explotadas fundamentalmente en las islas de Mallorca y Menorca.

MARJAL

Zona húmeda litoral vinculada a una antigua albufera parcialmente colmatada por sedimentos recientes. P. ej.: marjal de Pego-Oliva (Alicante-Valencia.)

MARMITAS

Formas erosivas excavadas en el cauce de los ríos en rocas duras, con forma de cuenco cerrado. Se han generado por la erosión del agua cargada de cantos. Son espectaculares las de la garganta del Infierno (Jerte, Cáceres).

MAZARRÓN

En Segovia, según Díez y Martín Duque (2005), son unas "arcillas cretácicas con un cierto contenido en caolinita". Es equivalente a otros términos similares utilizados en otras regiones, como almagre, almazarrón y manzarrón.

MECHERO

Voz empleada en Asturias. Salida natural de gas metano, en combustión espontánea.

MÉDANO

Duna arenosa, por lo general litoral. P. ej.: playa de El Médano (Tenerife).

MENTIROSAS

Fuentes intermitentes situadas en las faldas de la montaña de Montserrat. P. ej.: mentirosas de Collbató (Barcelona).

MESA

Relieve tabular aislado, cerro con techo plano coronado por un estrato, o conjunto de estratos, resistente frente a la erosión. Con cierta frecuencia se presentan mesas travertínicas, como la mesa de Zalia (Alcaucín, Malaga).

FIGURA 31

MESA TRAVERTÍNICA EN EL PARQUE NATURAL DEL ALTO TAJO (GUADALAJARA)

Fuente: J. J. Durán.

MINA

Fuente de agua de origen antrópico. Galería horizontal que recoge el agua del subsuelo y la canaliza hacia el exterior. Muy frecuente en las zonas de la península ibérica de tradición árabe.

MOLA

Promontorio rocoso calizo. P. ej.: La Mola (Formentera).

MOLASA

Formación geológica sedimentaria, constituida por conglomerados de cantos redondeados y tamaño variable de edad miocena. Es frecuente en las cuencas terciarias de las cordilleras alpinas, en especial en la cordillera Bética (cuencas de Ronda y de Granada).

MONJAS

Morfología erosiva vertical frecuente en montañas calizas. Ver FRAILES.

MONTAÑA

Además de su acepción normalizada, en Canarias se utiliza para designar una elevación volcánica reciente, de poca antigüedad, como la montaña Colorada, último volcán activo de la erupción del Timanfaya, en Lanzarote (abril de 1736). P. ej.: montaña del Fuego (Timanfaya, Lanzarote); montaña Roja (Lanzarote).

FIGURA 32

MONTAÑA ROJA (LANZAROTE, CANARIAS)

Fuente: I. Galindo.

MORRA

Cerro de punta roma. P. ej.: La Morra (nacimiento del río Cabriel, Teruel).

MORRO

Elevación aislada de rocas volcánicas, con la cumbre de forma alomada, debido a procesos erosivos. P. ej.: morros de Tenésera, morros de Orestes (Lanzarote).

MORRÓN

Término con varias acepciones: 1) Pitón volcánico, resalte montañoso. P. ej.: morrón de Villamayor (campo volcánico de Calatrava, Ciudad Real); 2) Cerro calizo de forma roma. P. ej.: morrón de Liceros (Sierra de Camarolos, Málaga); 3) Pitón rocoso vertical formado en materiales conglomeráticos terciarios. P. ej.: El Morrón (Maestrazgo, Teruel).

MORTADELA

Denominación de una brecha cuaternaria fuertemente cementada y de color rojizo o rosado, de aspecto muy característico, situada en abanicos aluviales o piedemontes de algunas sierras calcáreas de la provincia de Málaga (sierra de Mijas, sierra Almijara) y que ha sido utilizada localmente para la construcción de algunos elementos arquitectónicos.

MORTALÓN

Es un tipo de roca existente en la isla canaria de Tenerife, que Seisdedos (2008) describe así, citando a Navarro y Coello (1989): "Se aplica de forma genérica localmente a un depósito con fragmentos de materiales volcánicos de distinto tamaño y composición variada, englobados en una matriz arenosa. Esta denominación ha sido empleada tradicionalmente por los trabajadores de las galerías subterráneas de Tenerife [...] y han sido interpretados como el producto de los deslizamientos que generaron los grandes valles de la isla".

MORTERETES

Pequeñas marmitas de origen fluvial labradas en rocas peridotíticas. Los lugareños y algunos escritores antiguos creían que podían haber sido excavados artificialmente para moler y beneficiar algunos metales preciosos (oro, platino) existentes en las minas cercanas. P. ej.: Morteretes de Genalguacil (Málaga).

MORTERO

Roca en forma de tormo (Góngora y Martínez, 1868). P. ej.: cerro del Mortero (Alhama de Almería, Almería).

MOTA

Cerrete o elevación pequeña y aislada respecto al relieve circundante. P. ej.: Mota del Palancar (Cuenca); Mota del Marqués (Valladolid). También se denomina así a las elevaciones longitudinales, paralelas a un cauce fluvial, que impiden el desbordamiento en crecidas ordinarias.

FIGURA 33

MOTILLA DE ZUACORTA (DAIMIEL, CIUDAD REAL)

Fuente: SAF Juan I. Rozas Blanco.

MOTILLA

Elevación de forma redondeada en La Mancha. Habitualmente oculta un yacimiento arqueológico de la Edad del Bronce. Algunas de ellas tienen un pozo central en su interior que permitía acceder al agua subterránea por los habitantes del entorno. P. ej.: motilla del Azuer, motilla de Zuacorta (Daimiel, Ciudad Real).

MUELA

Meseta o mesa rocosa aislada, por lo general, de naturaleza caliza, condicionada por la horizontalidad de los estratos. Muy frecuente en la cordillera ibérica. P. ej.: muela de San Felipe (Cuenca); muela de Cortes de Pallás (Valencia).

MUÑECOS

Concreciones silíceas de tamaño centimétrico que se encuentran en los sedimentos lacustres del Mioceno superior-Plioceno de la cuenca del Cenajo (Prebético, Albacete). Se localizan con mucha frecuencia en yacimientos protohistóricos a lo largo de la franja levantina.

FIGURA 34

CONCRECIONES SILÍCEAS DENOMINADAS MUÑECOS, PROCEDENTES DE AGRAMÓN (ALBACETE)

Fuente: J. J. Durán.

MUÑEQUITAS

Las muñequitas de loess son concreciones de pequeño tamaño que se encuentran, en ocasiones, en el seno de sedimentos eólicos de tipo loéssico, dando lugar a veces a figuras similares a la humana.

N

NACEDERO

Manantial o surgencia de agua subterránea que da lugar al nacimiento de un río. P. ej.: nacedero del Urederra (Navarra); nacedero del río Queiles (Vozmediano, Soria).

NACIENTE

Voz canaria que designa un manantial en rocas volcánicas, especialmente abundantes en La Gomera y La Palma. P. ej.: nacientes de Marco y Cordero (La Palma); naciente de Guadá (La Gomera).

NAVA

Depresión, con independencia del origen, zona de tierra llana. P. ej.: llanos de La Nava (sierra de las Nieves, Málaga); Nava del Rey (Valladolid).

FIGURA 35

NAVA ENTRE MONTAÑAS CALIZAS:
LA NAVA (SIERRA DE LAS NIEVES, MÁLAGA)

Fuente: J. J. Durán.

NAVAJO

Encharcamiento temporal o pequeña laguna en zonas prácticamente llanas, de tipo raña. En la zona del parque nacional de Cabañeros se denomina a estas depresiones *esmataos*, por la ausencia de vegetación. P. ej.: El Navajo (Ciudad Real).

NAVE

Depresión interdunar entre sucesivos cordones dunares litorales recientes, en Doñana (Huelva).

NEGRILLO

Denominación de los mineros de la faja pirítica ibérica para la calcosina y otros minerales de cobre que aparecen en las zonas de alteración de los yacimientos de sulfuros, en especial en los *gossans*.

FIGURA 36

NAVE EL INGLESILLO (PARQUE NACIONAL DE DOÑANA, HUELVA)

Fuente: A. Rodríguez.

NEGRIZALES

Terrenos oscuros, de origen volcánico, en el Campo de Calatrava (Ciudad Real). P. ej.: negrizal de las Casas, de la Halconera, de El Naranjo.

NÍCOLOS

Bowles (1775) los describía así: "Chinas y guijarros sueltos de dos o tres colores, que los anticuarios llaman nícolos, de que podrían hacerse hermosos camafeos y sellos". Se refiere a piedras que aparecen en cabo de Gata (Almería), probablemente ágatas. Juan de Arfe (1535-1603), en su *Tratado de las piedras preciosas*, las llama *nicles*.

NOCLE

Ver ÑOCLE.

NUCLE

Ver ÑOCLE.

Ñ

ÑOCLE

Término exclusivo de Doñana; también se usa la forma *nocle*. Se utiliza para designar a una zona de "arenas movedizas" condicionadas por la presencia de surgencias de aguas subterráneas someras al pie de los frentes de dunas vivas. Las arenas húmedas o empapadas se ven cubiertas por una fina capa de arenas eólicas, secas, pudiendo convertirse en una trampa para animales e incluso para personas.

ÑOSCLO

Voz malagueña. Según Del Río (2006): "Piedra, especialmente si es de gran tamaño".

FIGURA 37

ANIMALES ATRAPADOS EN LAS ARENAS MOVEDIZAS DE UN ÑOCLE EN DOÑANA

Fuente: Fotografía del ganadero F. J. Coronel (20 de agosto de 2016), publicada por Ojeda-Rivera *et al.* (2018).

O

OCLE

Ver ÑOCLE.

OJO

Afloramiento de agua subterránea en superficie, por lo general, de forma redondeada. Equivalente a ULLAL. Posiblemente, los más famosos son los ojos del Guadiana (Villarrubia de los Ojos, Ciudad Real), lugar en el que los libros antiguos de geografía sitúan el (re)nacimiento del río Guadiana. En Centro y Sudamérica es muy frecuente el topónimo: ojo de agua.

OJIZO

En Doñana (Huelva), surgencia de agua dulce en el terreno de la marisma.

OLLA

Depresión subcircular de orígenes diversos. En el parque geológico de Aliaga (Teruel), La Olla "es un pliegue de eje vertical que afecta [...] a formaciones marinas del Cretácico inferior, producto de la superposición de dos plegamientos sucesivos". Este emplazamiento constituye un ejemplo de estructura tectónica de importancia mundial, y es uno de los seis lugares de interés geológico destacados en la obra *The Geology of Spain*, publicada por la Sociedad Geológica de Londres (J. L. Simón, 2010, inédito).

ÓRGANOS

Enclave de interés geomorfológico con estratos de rocas duras en posición cercana a la vertical, semejando los tubos de un órgano. P. ej.: órganos de Montoro (Villarluengo, Teruel); monumento natural Los Órganos (Despeñaperros, Santa Elena, Jaén).

FIGURA 38

ÓRGANOS DE MONTORO (TERUEL)

Fuente: J. A. Domínguez.

ORGUÑO

Según Garrido (2000), es un "suelo duro de la marisma [de Doñana, Huelva] que corta los pies". Ver CANCAHUESO.

ORINAL

Forma del relieve en "u", condicionado estructuralmente. P. ej.: orinal de Cristo (sinclinal del Castillo Mayor, Huesca), en su interior presenta una gran depresión endokárstica, el poljé de La Llana, que alimenta unos manantiales en los bordes del acuífero carbonático.

OSCUROS

Desfiladeros muy estrechos, de origen fluvial, por lo general, abiertos en rocas calcáreas, por los que apenas llega la luz al cauce. P. ej.: barranco de los Oscuros de Balces (Guara, Huesca).

OSTIONERA

La piedra ostionera es un tipo de roca sedimentaria de color marrón claro o amarillento, típica de la provincia de Cádiz. Se trata de una lumaquela calcárea formada por fragmentos de conchas marinas fósiles, muy porosa y de textura áspera, de edad plio-pleistocena. Ha sido utilizada con profusión en la ciudad de Cádiz y en otras localidades costeras gaditanas, así como en la catedral de Sevilla.

OTERO

Cerro aislado que domina un llano. P. ej.: Otero (Toledo); Otero de Herreros (Segovia).

OTONES

Cerros, oteros. P. ej.: Otones de Benjumea (Segovia).

P

PACILES

Ver ALMAJOS.

PAJARILLA

La piedra pajarilla es una roca ígnea utilizada para la construcción de ciertos monumentos históricos en Salamanca (Fernández Navarro, 1960). Según López Plaza *et al.* (2007), es una roca de tipo vaugnerítica, procedente de dos canteras ubicadas en La Magdalena, cerca de Béjar, y La Calzadilla, junto a Ledesma, utilizada desde el siglo XVI al XIX en edificios nobles de Salamanca. La vaugnerita se caracteriza por ser una diorita micácea, con una textura muy particular, consistente en grandes cristales entrecruzados de biotita y anfíbol, lo que le otorga una textura muy homogénea y alta resistencia a la erosión.

PALOMICAS

Denominación popular de los fósiles del género *Rhynchonella*, alusiva a su forma, en la rama aragonesa de la cordillera ibérica. Bowles (1775) señala que en España se denomina "palomitas" a las terebrátulas. Ambos fósiles aparecen con frecuencia juntos en los mismos yacimientos fosilíferos.

PANALEJO

Salgado y Guillermo (1860) apuntan que se denomina así a la toba calcárea producto de la precipitación de carbonato cálcico procedente del manantial sulfuroso de Carratraca (Málaga).

PANECILLOS DE BRUJA

Nombre popular de los fósiles de erizos marinos que se encontraban con frecuencia en las Lomas de Garbinet (Alicante), hasta los años sesenta del siglo XX.

PARAMERA

Comarca natural donde abundan los páramos, relieves tabulares o alomados de cierta altitud, por lo general por encima de los 1.000 metros, prácticamente desprovistos de vegetación. P. ej.: sierra de la Paramera (Ávila); parameras del Señorío de Molina (Guadalajara).

PÁRAMO

Terreno elevado y llano o alomado. Geológica y geomorfológicamente son muy características las denominadas por Hernández Pacheco (1915) calizas del páramo, de origen lacustre y edad finimiocena, típicas de muchos relieves de las cuencas del Duero y del Tajo.

PASO

Desfiladero, puerto de montaña. P. ej.: El Paso (La Palma).

PAULAR

Voz relativa a la presencia de un terreno pantanoso, del latín *palus* ('laguna'). P. ej.: monasterio de Santa María de El Paular (Rascafría, Madrid).

PECHOS

En Andalucía, voz que se utiliza para designar laderas muy empinadas. P. ej.: los pechos del Campano (Canillas de Aceituno, Málaga). Otra acepción es: picos montañosos sobresalientes con forma de pecho femenino.

PEDERNOSO

Terreno rico en fragmentos de sílex o pedernal. P. ej.: El Pedernoso (Cuenca).

PEDREGAL

Terreno con mucha piedra, por lo general suelta. P. ej.: El Pedregal (sur de Madrid).

PEDRERA

Canchal, acumulación de cantos al pie de una ladera montañosa. También cantera, lugar de donde se extrae piedra. P. ej.: Pedrera (Sevilla).

PEDRIZA

Término con varias acepciones, dependiendo de la escala: 1) Canchal, por lo general, cuarcítico o calizo, constituido por numerosos bloques heterométricos angulosos; 2) Macizo rocoso de naturaleza granítica, con una morfología extraordinariamente variada y compleja. P. ej.: La Pedriza de Manzanares (Madrid).

FIGURA 39

LA PEDRIZA DE MANZANARES (SIERRA DE GUADARRAMA, MADRID)

Fuente: J. J. Durán.

PEDROCHE

Paisaje granítico con numerosos bolos, bloques y berrocales aislados por la erosión. P. ej.: comarca de Los Pedroches, batolito de Los Pedroches (Córdoba).

PEDROÑERA

Pedronal, pedregal, terreno pedregosos o rico en pedroños o cascajos. Topónimo utilizado en Segovia y Cuenca. P. ej.: Las Pedroñeras (Cuenca).

PEDROÑO

Ver PEDROÑERA.

PEÑA

Pico, elevación o colina rocosa, por lo general, relativamente aislado. Es topónimo frecuente en Asturias, en Cantabria y en el norte de Castilla, aunque no deja de presentarse en prácticamente toda la Península y Canarias. P. ej.: peña

Cabarga (Cantabria); peña Maín (Asturias); peña de los Enamorados (Málaga). Presenta muchos derivados: peneda, peñuca, pinilla o penela, entre otros. Es frecuente que se vea acompañado por adjetivos relativos al color u otras características, como peñas negras, peñas albas, peñas blancas... A veces se utiliza para designar rocas singulares de pequeño tamaño: peña Estena (parque nacional de Cabañeros, Ciudad Real).

PEÑAS

Bloques erráticos incluidos en una colada volcánica, a veces de grandes dimensiones, de hasta 30 metros de diámetro. P. ej.: peñas de Tao (Lanzarote).

PEÑASQUERÍA

Voz antigua, peñascal, lugar rico en peñascos.

PEÑÓN

Relieve aislado y prominente, por lo general, de naturaleza caliza, frecuente en el ámbito de la cordillera bética, tanto en la costa (p. ej.: peñón de Gibraltar; peñón de Ifach, en Alicante) como en el interior (p. ej.: peñón de Zaframagón, a caballo entre las provincias de Cádiz y Sevilla).

PEÑOTA

Peña o montaña de gran tamaño. P. ej.: La Peñota (sierra de Guadarrama, Madrid-Segovia).

PERDIGONES

Denominación popular para pequeñas concreciones esféricas de pirita, habitualmente alterada a limonita, que se encuentran en las areniscas del flysch del Campo de Gibraltar (Málaga-Cádiz), frecuentes en el término municipal de Cortes de la Frontera.

PÍAS

Término utilizado en Galicia, y zonas aledañas del noroeste ibérico, para la denominación de un tipo de depresiones o concavidades superficiales de tamaño centimétrico a métrico, parecidas a las marmitas de gigante, labradas por el agua de meteorización o arroyada sobre rocas graníticas. P. ej.: Pías (Zamora); playa fluvial das Pías (sobre el río Tea, Pontevedra).

PICÓN

Material volcánico suelto, de diferente granulometría, pero relativamente grueso, utilizado con frecuencia como árido en las islas Canarias por su facilidad de extracción.

PICOZO

En la provincia de Segovia, alude en algunos lugares, como Sepúlveda, a los crestones rocosos fuertemente erosionados, labrados en rocas carbonáticas en posición vertical. Es topónimo frecuente en Ávila, Segovia y Guadalajara para designar picos montañosos con cierto relieve en su extremo. P. ej.: El Picozo (Pálmaces de Jadraque, Guadalajara).

PICUEZO

El Picuezo y la Picueza constituyen dos monolitos rocosos verticales, tallados por la erosión natural en areniscas terciarias, de casi 40 metros de altura, ubicadas en la localidad de Autol (La Rioja). También se utiliza el término *picuezo* para desinar a algunas cumbres labradas en rocas duras en Soria y Ávila. P. ej.: El Picuezo, cumbre granítica situada al sur del Castro de Ulaca (Solosancho, Ávila).

PIEDRA BERROQUEÑA

Según Fernández Navarro (1960), denominación tradicional del granito de la sierra de Guadarrama.

PIEDRA CÁRDENA

Denominación popular de los diques ígneos explotados en la sierra de Madrid para la confección de adoquines para sus calles (Fernández Navarro, 1960).

PIEDRA CENTENERA

Voz segoviana utilizada para denominar popularmente al gneis, dado que los terrenos en los que afloraba este tipo de roca solo se podían utilizar para el cultivo de centeno.

PIEDRA CRUZ DE COMPOSTELA

Ver *LAPIS CRUCIFER*.

PIEDRA DE ESPEJO

Ver *LAPIS SPECULARIS.*

PIEDRA DE PEZ Y SAL

Para Fernández Navarro (1960), otra denominación popular del granito.

PIEDRA DE TARIFA

Román (2007) la describe como una caliza tableada, utilizada como roca ornamental durante los siglos XIX y XX. También llamada LOSA DE TARIFA.

PIEDRA DEL LOBO

Denominación popular del yeso selenítico, por los reflejos que lanza cuando recibe la luz de la luna, según Bernárdez y Guisado (2006). Ver *LAPIS SPECULARIS*.

PIEDRA ESCRITA

Denominación popular que se da a un conjunto de fósiles de un excepcional yacimiento paleontológico existente en Constantina (Sevilla). Los fósiles de medusas allí encontrados (posiblemente uno de los mejores yacimientos del mundo de este tipo de animales, del Cámbrico inferior, con unos 550 millones de años de antigüedad) semejan marcas circulares en la superficie rocosa, que los lugareños creyeron en los siglos XIX y XX que eran petroglifos, señales y símbolos grabados por los hombres primitivos.

PIEDRA ESPECULAR

Ver *LAPIS SPECULARIS*.

PIEDRA JABALUNA

Ver JABALUNA.

PIEDRA OSTIONERA

Término utilizado en la provincia de Cádiz, para denominar una roca sedimentaria de edad pleistocena muy utilizada en la construcción desde hace siglos. Es un conglomerado muy rico en restos fósiles marinos (ostreas, diversas especies de *pecten*), fuertemente cementados, de color amarillento. También se ha denominado piedra tosca de mar. Existen multitud de canteras, muchas de ellas a pie de playa. Las que se encuentran en la vertiente meridional de la loma de San Bartolomé y en la punta Camarinal (Tarifa) se reservaron, por lo general, para los elementos sustentantes de los edificios públicos: apeos, jambas, columnas y capiteles (Román, 2007). Ver OSTIONERA.

PIEDRA SANGRANTE

Roca granítica utilizada en la construcción de la catedral de Ávila (siglos XII a XVI). Tiene un color rosado y blanco, con óxidos de hierro, de donde toma el nombre. Procede de las canteras de La Colilla, próximas a la ciudad de Ávila.

PIEDRA TOSCA DE MAR

Ver PIEDRA OSTIONERA.

PIEDRA VIBORERA

Según Garrido (2000), en la comarca de Doñana (Huelva), bajo esa denominación popular se conocía un "remedio físico-mágico para la curación de la picadura de la víbora. La piedra la forma en realidad una sección de cuerno de ciervo tratada especialmente con un singular proceso".

PIEDRALABES

Topónimo que describe una peña de color claro, albo o blanco. Denominaciones similares son: Pedralbes, Piedras Albas o Guijasalbas, así como Sasas Albas (de *saxa*, plural neutro del latín *saxum*: 'roca o peñasco') (Arranz, 2005). También se refiere bajo la forma Piedralaves (Ávila).

PIEDRAS DE ÁGUILA

Descritas por Bowles (1775) en Guipúzcoa como "geodas bastardas" incluidas en peñas pizarreñas, que contienen en el centro "greda húmeda y pastosa" y sin "la menor grieta ni hendidura por donde haber entrado al agua".

PIEDRAS DE SANTA CASILDA

Denominación popular de unos cristales maclados de aragonito, muy frecuentes en la cordillera ibérica. Ver TORRECICAS.

PILANCONES

Los pilancones o pilas, también conocidas como cacholas, son concavidades generadas en las rocas graníticas por la meteorización química del agua, muy abundantes en las vertientes madrileña y segoviana de la sierra de Guadarrama. P. ej.: pilancones del Mirador del Tranco (La Pedriza de Manzanares, Madrid).

PIMPLÓN

Término utilizado en Cantabria y Asturias para referirse a un salto de agua o cascada.

PINGANILLOS

También conocidos como pinganiellos o pinganellos. Son riscos graníticos finamente apuntados de La Pedriza de Manzanares (Bernaldo de Quirós, 1923). El mismo autor refiere que también se denominan así a ciertas formas del relieve submarino presentes en la bahía de Cádiz: "El Pinganillo, 88º del Faro de San Sebastián, a 0,4 millas, con 5,5 metros de agua".

PIPA

Nombre vulgar dado en Granada a los fósiles de *Dentallium* con los que solían jugar los niños. P. ej.: cerro de las Pipas (sureste de La Zubia, Granada).

PÍTOLES

Concreciones esféricas de arenisca sílicea de forma redondeada, fuertemente cementadas por carbonatos, presentes en las arenas del Cretácico superior, aflorantes en algunas localidades de la provincia de Segovia: Sepúlveda, Orejana o Caballar, entre otras muchas. Denominadas también *bolas* o *venus de Sepúlveda*.

PIZARRAL

Terreno constituido por pizarras. P. ej.: pradera del Pizarral (junto al río Jarama, Colmenar de la Sierra, Guadalajara).

PLANA

Abanico aluvial litoral de pendiente muy pequeña y gran extensión, típico de la costa mediterránea levantina. P. ej.: Castellón de la Plana.

FIGURA 40

PÍTOLES, CONCRECIONES ESFÉRICAS DE LAS FACIES UTRILLAS DE SEGOVIA

Fuente: J. J. Durán.

PLANO

Llano, zona deprimida en terreno montañoso. En ocasiones, depresión de origen kárstico, poljé o dolina de gran tamaño. Es más frecuente la voz catalana *pla*. P. ej.: pla de la Corona (Ibiza).

PLAYA

Término con numerosas acepciones, además de la habitual de morfología litoral de una costa marina baja y con depósito arenoso, muy frecuente en todo el litoral costero peninsular e insular: 1) Según Garrido (2000), en Doñana (Huelva) se denomina así a las "orillas suaves de la marisma que quedan cubiertas con abundante grama, generalmente en o cerca de la vera" (playa del Rocío); 2) También sirve para denominar a algunas acumulaciones arenosas de ciertas riberas fluviales de interior, sobre todo en el noroeste peninsular; 3) Hausen (1968) indica que en Canarias se denominan *playas* o *portillos* a las desembocaduras de los barrancos fluviales de la isla de La Gomera.

PORRA

Monolito pétreo de naturaleza caliza. P. ej.: porra del río de la Val (parque geológico de Aliaga, Teruel).

PORTILLO

Desembocadura de los barrancos fluviales de la isla de Gomera (Hausen, 1968). Ver PLAYAS.

POYATO

Relieve escalonado de montaña, pequeña meseta o zona llana. P. ej.: poyato de las Cabras Montesas (sierra de Líbar, Montejaque, Málaga).

FIGURA 41

POYOS O RELLANOS GENERADOS POR DESLIZAMIENTOS DE LADERA EN LAS ALPUJARRAS (GRANADA)

Fuente: S. Martos.

POYOS

Zonas con pendiente muy baja, en las laderas de Sierra Nevada y de Las Alpujarras, que se corresponden con la parte alta de grandes movimientos de ladera de la zona meteorizada de los materiales esquistosos aflorantes. P. ej.: poyos de Monachil (Granada).

POZA

Charca profunda; hoyo en el cauce fluvial donde se acumula el agua, con cierta profundidad. P. ej.: pozas del Eresma (Boca del Asno, Segovia). En ríos en roca suelen ser marmitas de gigante, a veces llamadas *calderas*. P. ej.: calderas del Cambrones (Palazuelos del Eresma, Segovia).

POZO

Sima, cavidad kárstica vertical. En ocasiones, se denomina también así a una cascada en un curso fluvial con fuerte encajamiento. P. ej.: pozo de los Humos (Salamanca).

PUENTE

Arco natural de piedra, relativamente frecuente en zonas calizas. P. ej.: puente de Fonseca (Castellote, Teruel).

PUERTO

Divisoria hidrográfica, cambio de vertiente, paso entre montañas. P. ej.: puerto de Pajares (Asturias-León).

PUEYO

Pico, montaña, cabezo, elevación. Voz frecuente en Navarra y Aragón. P. ej.: El Pueyo (Navarra).

PUIG

Pico destacado de una montaña, por lo general, de naturaleza caliza, en la región levantina. P. ej.: Puig Campana (Alicante). En otras regiones, esa denominación es típica de cumbres volcánicas.

PUNTAL

Término con varios significados. En ocasiones se aplica a unos torreones rocosos labrados en areniscas triásicas. P. ej.: puntales de los Milagros (Guadalajara). También para designar el extremo de una alineación montañosa. P. ej.: El Puntal (Valle de Abdalajís, Málaga). Por último, Garrido (2000) refiere su uso relativo a un "pequeño golfo o entrante de marisma en terreno firme", en la comarca de Doñana (Huelva).

PUROS

Mallos, pináculos rocosos en conglomerados terciarios, también llamados tormos. P. ej.: El Puro (mallos de Riglos, Huesca).

Q

QUEBRADA

Zona de la marisma baja de Doñana (Huelva), situada entre grandes almajares, que ofrece pequeñas superficies limpias de vegetación y permanece más tiempo inundada. P. ej.: quebrada de Pedro Arco, quebrada de Marilópez. Para Garrido (2000), también es un "caño de la zona septentrional de la marisma" y una "zona de inundación intermedia en la marisma". En el interior de la península ibérica, una quebrada es una abertura estrecha entre montañas.

QUEBRADO

Como adjetivo, hace referencia a un terreno con frecuentes altos y bajos.

QUESO

Cerro o montaña con forma de cilindro más bajo que ancho. P. ej.: carramolo del Queso (serranía de Ronda, Málaga).

FIGURA 42

QUEBRADA DEL AMURAÍLLO (PARQUE NACIONAL DE DOÑANA, HUELVA)

Fuente: A. Rodríguez.

QUINTAL

Denominación local de una roca caída de gran tamaño. P. ej.: quintal Caído (Calasparra, Murcia).

R

RAMBLA

Cauce fluvial mediterráneo con funcionamiento hidrológico intermitente (vinculado con lluvias torrenciales). Por lo general, posee cierta anchura y fondo plano. Es típico de las zonas costeras del levante y sureste de la península ibérica.

RAMBLAZO

Ver RAMBLIZO o RAMBLA.

RAMBLILLA

Rambla de pequeño tamaño, en la provincia de Málaga.

RAMBLIZO

Término utilizado con cierta frecuencia en la región de Murcia y, en general, en el sureste español. Ver RAMBLA.

RAÑA

Morfología y depósito de origen aluvial, de forma allanada, compuesta por sedimentos detríticos groseros embebidos en una matriz más fina arcillo-arenosa, generalmente de color pardo-rojizo y de edad pliocuaternaria. Son frecuentes en Extremadura, y en los montes de Toledo y otras zonas manchegas.

RAÑAL

Llanura entre montes (Hernández Pacheco, 1956).

RAÑIZO

Rampa morfológica o glacis en el parque nacional de Cabañeros (Ciudad Real).

REAJO

Ver REGAJÍO o REGAJO.

REGAJÍO

Ver REGAJO.

REGAJO

Reguero o regato. Voz típica de Segovia.

REGO

Hendidura lineal del terreno, de origen incierto, natural o antrópico (Pazos, 2016). P. ej.: rego da Serpe o canal de la Serpiente (Isla de San Martino, Islas Cíes, Galicia).

REGUERA

Cabecera de un valle que recoge los drenajes superficiales de los suelos desarrollados sobre granitos. P. ej.: reguera Honda, barranco en granito al noreste del castro de Ulaca (Solosancho, Ávila).

RELUZ

Denominación local del yeso especular, muy abundante en el entorno de las minas romanas de Segóbriga (Cuenca).

RETUERTA

Parte de la vera de Doñana donde los cotos se componen fundamentalmente de dunas (Garrido, 2000).

REVENTÓN

Crecida repentina y espectacular del río subterráneo kárstico que recorre la cueva de los Chorros y da lugar al nacimiento del río Mundo (Riópar, Albacete).

FIGURA 43

FENÓMENO DEL REVENTÓN EN LA SURGENCIA KÁRSTICA DE LOS CHORROS, NACIMIENTO DEL RÍO MUNDO (RIÓPAR, ALBACETE)

Fuente: A. Dolera.

RÍA

Valle fluvial invadido por el mar, característico de la región norte y noroeste de la Península. P. ej.: Rías Altas o Rías Bajas (Galicia).

RÍO DE PIEDRAS

También denominado río de bloques, es una acumulación longitudinal de bloques rocosos de gran tamaño de origen periglaciar. Pueden alcanzar más de dos kilómetros de longitud y varios centenares de metros de anchura. Son abundantes en las sierras cuarcíticas de los montes Universales (Teruel).

FIGURA 44

RÍO DE PIEDRAS O BLOQUES EN LA SIERRA DE ALBARRACÍN (ORIHUELA DEL TREMEDAL, TERUEL)

Fuente: J. J. Durán.

RIBERO

Mota o elevación hecha con cascajo y otros materiales para evitar que pase el agua. P. ej.: riberos del Almonte (Cáceres).

RIERA

Torrente, río esporádico, característico del levante y noreste peninsular.

RISCA

Desfiladero estrecho en rocas duras (Díez y Martín Duque, 2005). P. ej.: risca de Valdeprados (Segovia).

RISCAL

Lugar donde abundan los riscos. Voz propia de la serranía de Ronda (Málaga).

RISCO

Pico afilado de roca dura. P. ej.: risco del Nevazo (La Pedriza, Madrid). Otra acepción propia de las Islas Canarias es la de acantilado de rocas volcánicas. P. ej.: risco de Famara (Lanzarote).

RODADERO

Terreno pedregoso y con fuerte pendiente, en el que se producen fácilmente desprendimientos rocosos (Rodadero del arroyo de la Majadilla, La Pedriza, Madrid).

RODENAL

Terreno donde aflora extensamente el rodeno (Rodenal de Priego, Cuenca).

RODENO

Denominación popular de una roca de origen sedimentario detrítico y color rojo característico, por lo general una arenisca roja de edad triásica típica de la cordillera ibérica.

ROLLO

Arco o puente natural de roca caliza (Rollo de Royuela, Sierra de Albarracín, Teruel).

ROMPIDOS

Zonas de rotura de motas fluviales y desbordamiento de sedimentos cerca de la zona de desembocadura (Marismas de Doñana, desembocadura del río Guadalquivir, Huelva).

ROQUE

Pitón volcánico que conforma un relieve positivo, aislado y vigoroso. Pitón volcánico de lavas sálicas alcalinas, viscosas, relleno de chimeneas verticales y hoy día resaltadas por la erosión (Hausen, 1968). Existen numerosos roques en la toponimia canaria: Roque Nublo, Roque de Agando (Gomera).

RUIDERA

Alusión al ruido que produce el agua al caer en cascada de una laguna a otra, en el rosario de lagunas travertínicas del alto Guadiana (Lagunas de Ruidera, a caballo entre las provincias de Albacete y Ciudad Real).

S

SABLE

Voz cántabra. Arenal formado por las aguas del mar o de un río en sus orillas.

SABLÓN

Arenal costero. P. ej.: playa del Sablón (Llanes, Asturias).

SÁBREGO

Tierra arenosa procedente del manto de alteración superficial del granito. Término gallego, pero utilizado también en Castilla y León y Extremadura.

SACAYÓN

Ver ZACAYÓN.

SAL DE CALATALUD

Epsomita, sulfato de magnesio hidratado. También denominada sal de Vaciamadrid.

SALADAR

Humedal litoral, de aguas salinas. P. ej.: saladar de Jandía (Fuerteventura).

SALADA

Laguna de interior de agua salada permanente. P. ej.: salada de Chiprana (Zaragoza).

SALADOS

Ríos de agua salina o hipersalina, muy frecuente en la zona externa de la cordillera bética, asociados a las evaporitas del Triásico. P. ej.: salado de Porcuna (Jaén).

SALIDERO

En la provincia de Segovia, manantial. P. ej.: manantial del Salidero (Fuentidueña, Segovia). También se utiliza para designar a las surgencias de agua subterránea en el interior de una cavidad kárstica. Así se denominaba a los lugares puntuales de aporte de agua en el interior del sistema espeleológico Hundidero-Gato, durante los trabajos de construcción de la presa de los Caballeros, en Montejaque (Málaga), que realizó la Compañía Sevillana de Electricidad en la década de los años veinte del siglo pasado.

SALITRE

Costra salina que se deposita en las charcas de agua salada de carácter temporal. Es una voz muy utilizada en Doñana, donde también se denomina *salistre*.

SANGRIMOROS

Denominación popular infantil de los cristales cúbicos de pirita oxidados con los que los niños frotan el suelo con agua o saliva para hacer un líquido rojizo, al que alude el nombre

(Díez y Martín Duque, 2005). Es un término propio de la zona de la cuesta Grande (Domingo García, Segovia).

SAPIENZA

Denominación popular del yeso espejuelo o espejillo en la provincia de Cuenca.

SARGADO

Nombre que daban los alfareros a la arcilla plástica, amarillenta, del Plioceno, que se encuentra en la hoya de Málaga (Álvarez de Linera, 1851).

SASOS

Para Hernández Pacheco (1956), eran las "plataformas aluviales de época pliocénica" o las "llanuras altas de los páramos de Huesca [...] cubiertas de un manto de aluviones gruesos". P. ej.: Cap de Saxo (Huesca). También llamados saxos.

SOPLAO

Cavidad kárstica natural interceptada por una galería minera. Posiblemente, el soplao más conocido en España sea la Cueva de El Soplao, situada en Celis-Rionansa (Cantabria), una antigua explotación minera, hoy reconvertida en cueva turística muy famosa por la abundancia y belleza de sus concreciones excéntricas.

SERRANÍA

Conjunto montañoso de grandes dimensiones, por lo general, sin una directriz geográfica clara. P. ej.: serranía de Ronda (Málaga-Cádiz); serranía de Cuenca (Cuenca).

SERRETA

Diminutivo de sierra. P. ej.: La Serreta (Ávila).

SERREZUELA

Sierra de pequeño tamaño. P. ej.: La Serrezuela (Segovia); serrezuela de Carratraca (Málaga).

SERROTA

Macizo montañoso. P. ej.: La Serrota (Ávila).

SIERRA

Alineación de montañas con forma quebrada. En Andalucía, a veces se utiliza este término para denominar a una montaña aislada.

FIGURA 45

CONJUNTO DE MONTAÑAS ALINEADAS EN UNA SIERRA PIRENAICA

Fuente: J. J. Durán.

SIERRO

Relieve residual sobre rocas paleozoicas. P. ej.: sierro de Marifranca (depresión de Coria, Cáceres).

SILLA

Collado entre montañas, horcajo. En Segovia se denomina *silla de montar* a un cerro con una forma similar a la de una silla de montar caballos. En sierra Almijara, entre Málaga y Granada existe un pico, Piedra Sillada, también con esa forma característica.

SOLAPO

Abrigo natural bajo roca. P. ej.: solapo del Águila (Segovia).

SURTIDERO

En Orense, manantial de agua caliente.

SUSPIRONES

Cavidades kársticas, situadas en las inmediaciones de un manantial, que expulsan aire a presión cuando se producen cambios bruscos del nivel freático, originando un ruido muy característico. P. ej.: suspirón de Arriba y suspirón de Abajo, junto al manantial de la Natividad, uno de los que constituyen las fuentes del río Guardal (Huéscar, Granada).

T

TABLA

Por lo general, zona húmeda o encharcada vinculada a un sistema fluvial, donde la escasa pendiente hace que el agua se extienda y acumule en una superficie importante, sin apenas pendiente. En ciertas ocasiones, son afloramientos de agua subterránea, en lugares donde el nivel freático está muy cerca de la superficie topográfica. P. ej.: tablas de Daimiel (Ciudad Real).

TABLAZO

Similar a tabla, aludiendo a una superficie de agua de muy poco calado, en un río o en el litoral marino.

TABORA

En Asturias y Cantabria alude a un charco cenagoso o pantanoso.

TAFFONI

Morfología erosiva superficial de cierto tipo de rocas, por lo general, areniscas o granitos, caracterizada por la presencia de numerosos huecos redondeados, de tamaño variable, de centimétrico a métrico. Su origen se ha relacionado con procesos eólicos o de meteorización química por presencia de sales, entre otros. Es muy frecuente en zonas litorales y en zonas áridas o semiáridas.

FIGURA 46

TAFFONI EN ARENISCAS TRIÁSICAS EN EL NORTE DE MENORCA

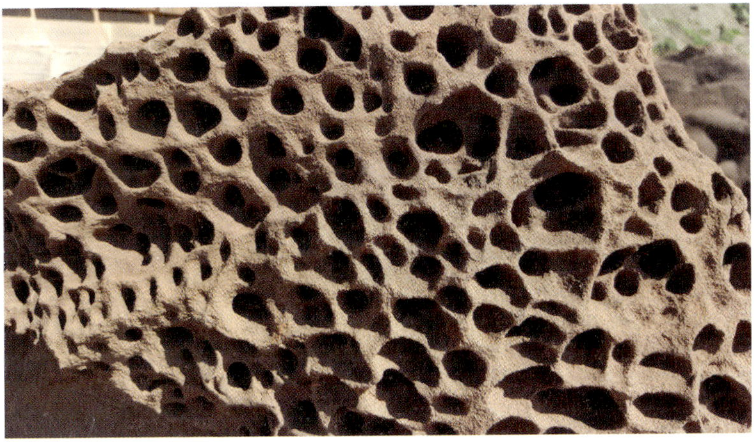

Fuente: J. J. Durán.

TAJADURA

Ver TAJO.

TAJO

Paredón vertical del terreno formado en roca dura, que puede estar condicionado por causas erosivas o tectónicas. P. ej.: tajo de Ronda (Málaga). En ocasiones, este término también hace referencia al desfiladero formado por el profundo encajamiento de un río. El topónimo del río Tajo no tiene nada que ver con esta acepción, proviniendo del nombre de un rey ibero, Tagus.

FIGURA 47

TAJO DE RONDA (MÁLAGA). LABRADO EN CONGLOMERADOS MIOCENOS

Fuente: J. J. Durán.

TAPARUCHAS

En la isla de La Gomera, parte de un dique volcánico aflorante en superficie (Hausen, 1968).

TEJERAS

Término que designa tanto la fábrica donde se realizan tejas, ladrillos y adobes, como aquellos lugares de donde se extrae la arcilla. Algunos derivados utilizados como topónimos en la provincia de Segovia son: Tejeras Viejas, Tejerillas. P. ej.: Las Tejeras (Hermisende, Zamora).

TETAS

Montes con forma cónica, por lo general agrupados en parejas (p. ej.: tetas de Málaga, montes de San Antón) o terminados en forma de pequeña muela o pezón (p. ej.: tetas de Viana, La Alcarria, Guadalajara).

TIERRA

Denominación genérica de una comarca o región natural con características fisiográficas, geológicas, y edafológicas relativamente homogéneas. P. ej.: Tierra de Campos (Palencia, Valladolid, Zamora y León); Tierra de Barros (Badajoz).

TINTO

Nombre de un río de aguas ácidas, de colores rojizos, ocres y anaranjados: río Tinto (Huelva). Su característico color se debe a la presencia de hierro y otros metales, alimentado por aguas ácidas procedentes de los yacimientos de sulfuros complejos del suroeste ibérico.

TOBA

Término con significados variados y a veces confusos o poco precisos. Designa por lo general, en la península ibérica, a los depósitos travertínicos cuando estos son muy porosos. Son rocas de edad reciente, formadas por la precipitación de carbonato cálcico en ambientes fluviales, lacustres o vinculados a surgencias kársticas, que contienen muchos restos vegetales. P. ej.: embalse de la Toba (serranía de Cuenca); Toba de Valdivieso (Burgos). Existen muchos topónimos derivados, como tobalina, tobilla, tubilla, tobera, tubilleja, etc. Por otra parte, en Canarias y en otras zonas volcánicas, se denomina también así a un tipo de roca volcánica muy ligera y porosa.

TOLLA

Ciénaga, tremedal, lodazal, a veces trampa fangosa natural, alimentada habitualmente con aguas de origen subsuperficial o subterráneo. Ver TOLLO.

TOLLO

Depresión u hondonada del terreno, en ocasiones de origen kárstico. Con frecuencia suelen tener un fondo de tierra húmeda y lodosa que se hunde fácilmente al pisarlo. En Doñana, se refiere a un hoyo excavado en la costa para la extracción del agua subterránea. P. ej.: laguna de los Tollos (Jerez de la Frontera, Cádiz-El Cuervo, Sevilla).

TOLMO

Tormo, "peñasco eminente y aislado" (Bernaldo de Quirós, 1923). Voz típica de La Pedriza, Madrid. P. ej.: canto del Tolmo.

TORCA

Depresión cerrada de origen kárstico, con paredes subverticales y una profundidad similar al diámetro. P. ej.: torcas de Palancares y Cañada del Hoyo (Cuenca); torca del río Viejo (Peñarrubias de Tirón, Segovia).

TORCAL

Paisaje kárstico ruiniforme. Lugar rico en torcas o depresiones cerradas, de morfología compleja y laberíntica. P. ej.: El Torcal de Antequera (Málaga).

FIGURA 48

PANORÁMICA DE EL TORCAL DE ANTEQUERA (MÁLAGA)

Fuente: J. J. Durán.

TORMO

Morfología exokárstica. Roca con forma similar a una seta. La más conocida es el denominado tormo Alto, situado en la Ciudad Encantada (Cuenca), que Hernández Pacheco (1956) denominaba peña de la Maza. Otra acepción es la de meandro de un río encajado en roca dura. P. ej.: tormo de El Tajo (Toledo). Por último, también se utiliza para denominar a unos bloques de conglomerados situados en la base de las laderas, de morfología redondeada por la erosión, en el geoparque del Maestrazgo (Teruel).

FIGURA 49

EL TORMO ALTO, EL ELEMENTO MÁS EMBLEMÁTICO DE LA CIUDAD ENCANTADA (CUENCA). SÍMBOLO DE LA SOCIEDAD ESPAÑOLA DE GEOMORFOLOGÍA

Fuente: R. Morales.

TORNILLO

Elemento singular exento del paisaje exokárstico, más alto que ancho, de tamaño métrico, originado por la erosión diferencial sobre calizas tableadas jurásicas. P. ej.: El Tornillo, monumento natural situado en El Torcal de Antequera (Málaga).

TORRES

Peñas afiladas de pequeño tamaño a modo de cilindros exentos situadas en la base de la ladera. Las torres del Estena, situadas en el parque natural de Cabañeros (Ciudad Real), están labradas en una brecha de falla sobre cuarcita armoricana.

TORRECICAS

Nombre vulgar de las maclas de cristales de aragonito de forma hexagonal, muy frecuentes en los sedimentos arcillosos y yesíferos del Triásico de la cordillera ibérica. Ver PIEDRAS DE SANTA CASILDA.

FIGURA 50

CRISTALES DE ARAGONITO DE CUENCA LLAMADOS LOCALMENTE TORRECICAS

Fuente: J. J. Durán.

TORRECILLAS

Morfologías erosivas de forma prismática generadas en el conglomerado basal triásico de Talayuelas (Cuenca).

TORRENTE

Rambla mediterránea. También, río de montaña, por lo general, de caudal muy irregular, de gran pendiente y potencial erosivo. Muy frecuente en el noreste de España y Baleares. P. ej.: *torrent* de Pareis (Mallorca).

TORRENTERA

Ver TORRENTE.

TORREONES

Relieves en forma de torres en la comarca del Cerrato (Tariego, Palencia).

TORUÑO

Según Garrido (2000), una "veta de pequeño tamaño y gran elevación en la marisma". P. ej.: toruños del Burro y toruño del Rocío (Doñana, Huelva).

TOSCA

Denominación popular y de los canteros de la toba calcárea, utilizada sobre todo en Aragón.

TOVARES

Canteras de toba. También se encuentra a veces como toberas. En Segovia, lugares en los que se extraen arcillas para hacer cerámica. Ver TEJERAS.

TRAMPAL

Trampa natural, zona encharcada, lugar con mucho barro. Voz frecuente en Castilla-La Mancha, Extremadura y Castilla y León.

TREMEDAL

Laguna somera, terreno pantanoso con abundante vegetación y fondo fangoso, a veces, verdadera trampa natural. Son típicos y abundantes en la comarca de Albarracín. P. ej.: Orihuela del Tremedal (Teruel); El Tremedal (Ávila). Ver TOLLA y TRAMPAL.

FIGURA 51

TREMEDAL EN ORIHUELA DEL TREMEDAL (MONTES UNIVERSALES, TERUEL)

Fuente: J. J. Durán.

TUERCES

"Ciudad encantada" de pequeño tamaño, relieve ruiniforme kárstico labrado en calizas del Cretácico superior. P. ej.: Las Tuerces (Villaescusa de las Torres, Palencia).

TUERTO

Torcido, sinuoso. Hace referencia al trazado de un río o a las zonas lacustres, de mal drenaje. P. ej.: río Tuerto (León); Aigües Tortes (Pirineo leridense).

TURBERA

Laguna, zona encharcada donde se deposita la materia orgánica y se convierte en turba, carbón de origen vegetal con escasa transformación postsedimentaria. Muy frecuentes en zonas altas y parameras, aunque pueden existir también en el litoral. P. ej.: turberas del Padul (Granada); turbera de las Dueñas (Cudillero, Asturias).

TURBIAS

Crecidas del río Lozoya (Madrid), caracterizadas por la alta turbiedad del agua debido a los arrastres de sedimentos.

U

ULLAL

Ojo, surgencia o manantial de agua subterránea, por lo general, a ras del suelo, que suele dar lugar a una pequeña laguna de forma circular o subredondeada. Son muy frecuentes en las zonas húmedas del litoral mediterráneo español, vinculados a la existencia de acuíferos kársticos importantes que desaguan a través de acuíferos detríticos de las planas aluviales recientes. Son muy conocidos los *ullals* de Baltasar, en el delta del Ebro (Amposta, Tarragona) y los de Baldosí, en La Albufera (Sueca, Valencia).

FIGURA 52

ULLAL DE BULLENT, EN LA MARJAL DE PEGO-OLIVA (OLIVA, VALENCIA)

Fuente: J. A. Domínguez.

V

VAL

Valle de fondo plano, por lo general, de gran anchura respecto a su encajamiento vertical. Son típicos de terrenos con series sedimentarias yesíferas o arcillo-conglomeráticas, sobre todo en Aragón y el norte de Castilla y León. P. ej.: Jarque de la Val (Teruel); val del Charco del Agua (Los Fayos, Zaragoza). Otra acepción es la que designa una depresión alargada, condicionada por la estructura tectónica, excavada a favor de la charnela de un pliegue sinclinal con flancos de buzamiento suave.

VALLE

Zona deprimida de la superficie terrestre de muy distintas dimensiones, pero ligada por lo general a un curso fluvial, responsable de su excavación. Existen valles labrados en muchos tipos de rocas duras y sedimentos blandos, por lo que los tipos morfológicos son enormemente variados. P. ej.: valle del Guadalquivir (Andalucía); valle de Ordesa (Huesca).

FIGURA 53

EL VALLE DE ORDESA (PIRINEO DE HUESCA), UN PROFUNDO ENCAJAMIENTO FLUVIOGLACIAR EN ROCAS CALIZAS

Fuente: J. J. Durán.

VENTANA

Puente natural, agujero cenital o cueva residual cercanos al extremo superior de un pico o resalte rocoso, habitualmente calizo o cuarcítico, que comunica dos vertientes o una cavidad somera con el exterior a modo de tragaluz. P. ej.: peñón de la Ventanilla (Viso del Marqués, Ciudad Real).

VENTANAS

Múltiples aperturas o bocas al exterior de una cueva kárstica. P. ej.: cueva de las Ventanas (Piñar, Granada).

VENTANO

Arco de piedra o cavidad que se abre al exterior sobre un barranco. Término muy similar a VENTANA. P. ej.: ventano del Diablo (Villalba de la Sierra, Cuenca).

FIGURA 54

VENTANO DEL DIABLO. MIRADOR SOBRE EL RÍO JÚCAR (VILLALBA DE LA SIERRA, CUENCA)

Fuente: J. J. Durán.

VENTANUCO

Término con significado muy similar al que designa una ventana o un ventano, de tamaño moderado. P. ej.: el ventanuco de Pontones (sierra de Segura, Jaén).

VERA

Término muy específico de la comarca de Doñana (Huelva). En palabras de Garrido (2000), es el "entorno de contacto entre las zonas de cotos y la marisma. En algunos puntos forma bandas anchas donde son frecuentes las surgencias de aguas. Son áreas muy húmedas que dan lugar a una interesante diversidad animal y vegetal. En la zona de Marismillas, una gran parte de la vera, aquella donde los cotos se componen principalmente por dunas, es denominada retuerta".

VERIAL

Borde de un bajo marino, desnivel rocoso subvertical en el fondo del mar, en la costa, o en un risco. Voz utilizada en Lanzarote.

VETAS

Especie de huecos o pasillos entre los paciles, antiguas motas del río Guadalquivir, en el parque nacional de Doñana. Garrido (2000) las describe así: "Elevación máxima en el terreno de marisma, donde aparecen formaciones vegetales propias de terrenos más estables. No llegan a inundarse en las riadas y generalmente presentan formas alargadas". P. ej.: veta La Arena, Vetalagrana y veta Carrizosa (Doñana, Huelva).

VETÓN

Voz típica de Doñana. Veta de pequeño tamaño y gran elevación. Ver TORUÑO.

VIRA

Franja subhorizontal de pequeña anchura que resalta por erosión diferencial en rocas duras, sobre todo granitos.

VISO

Cejo o altozano, lugar desde donde se divisa una buena panorámica del entorno. P. ej.: Viso del Marqués (Ciudad Real); El Viso de San Juan (Toledo).

VOLCÁN

En Canarias tiene dos significados: 1) campo de lavas recientes, históricas (p. ej.: volcán de Timanfaya); 2) excepcionalmente, se refiere a un aparato volcánico con morfología apuntada utilizado casi exclusivamente en volcanes que han sido vistos por el hombre en actividad (p. ej.: el volcán de

Tinguatón, Lanzarote). Fuera del archipiélago canario se usa para designar montañas o elevaciones de origen volcánico (p. ej.: volcán de Montescopa, en el campo volcánico de Olot, Girona; volcán Gordo, en el Campo de Calatrava, Ciudad Real), aunque no siempre sean volcanes en sentido estricto (p. ej.: volcán de Cancarix, Albacete).

FIGURA 55

VOLCÁN DE TENEGUÍA (LA PALMA), CUYA ÚLTIMA ERUPCIÓN TUVO LUGAR EN 1971

Fuente: I. Galindo.

Y

YASA

Rambla o torrente en Aragón. En La Rioja, designa una torrentera, con crecidas temporales, o una zona que se inunda temporalmente al desbordarse un río de pequeña entidad. P. ej.: yasa Agustina (La Rioja).

YELMO

Relieve rocoso prominente con forma similar a la del casco de la armadura típica medieval. Topónimo abundante en la sierra de Guadarrama, para rocas graníticas: yelmo del río Cofio, yelmo de La Cabrera (hoy denominado: pico de la Miel), siendo el más famoso de todos el yelmo de La Pedriza (Manzanares El Real, Madrid). También se conocen el yelmo Grande y yelmo Chico (sierras de Cazorla y Segura, Jaén), sobre rocas carbonáticas.

FIGURA 56

EL YELMO DE LA PEDRIZA. RELIEVE EN ROCA GRANÍTICA EMBLEMÁTICO DE LA PEDRIZA DE MANZANARES (MADRID)

Fuente: L. Carcavilla.

Z

ZACALLÓN

Para Garrido (2000) es una "excavación en el terreno arenoso de los cotos para la extracción de agua del freático, generalmente para uso ganadero", en el territorio de Doñana (Huelva). Posiblemente sea lo mismo que ZACAYÓN, aunque esta acepción se refiere sobre todo a una excavación sobre un ojo de agua subterránea preexistente.

ZACAYÓN

Derramadero que mana de un pozo excavado en la marisma de Doñana, por lo general, donde antes existía un ojo o manadero natural de agua subterránea. Los zacayones forman pequeños cauces superficiales de agua que en ocasiones comienzan en el anillo alrededor del brocal del pozo, cuando este existe (Rodríguez Ramírez, 2016). P. ej.: zacayón del pozo de Caño Dulce.

FIGURA 57

ZACAYÓN EN LA MATA DE LOS DOMÍNGUEZ (PARQUE NACIONAL DE DOÑANA, HUELVA)

Fuente: A. Rodríguez.

ZAHORRA

Grava con cierto porcentaje de arena, a menudo de origen aluvial, que se utiliza frecuentemente para el firme de los caminos rurales. También se denomina así a los áridos artificiales de un cierto tamaño, comprendido habitualmente entre 5 y 50 milímetros.

Balance de palabras

Este breve capítulo final es el lugar oportuno para hacer un pequeño balance del palabrero. En las líneas que preceden se han descrito más de 500 términos del español vulgar relacionados con las Ciencias de la Tierra. La mayoría de ellos son orónimos (relacionados con el relieve) e hidrónimos (relativos a los lugares con agua) y constituyen parte del sustrato lingüístico que subyace en el español, después del paso por el solar hispano y sus archipiélagos de varias culturas con sus lenguajes propios y su manera de denominar los elementos del medio físico-geológico.

Muchos de ellos son conocidos por los habitantes del medio rural, del campo, y desconocidos por los científicos. Ahora que tanto se habla de recuperar y poner en valor el español como lengua, con todo su potencial, sería absurdo desaprovechar la enorme variedad y riqueza de matices que esta ofrece, en aras de una pretendida tecnificación del lenguaje o de un falso cientifismo. La ciencia debe buscar la verdad por todos los caminos posibles, incluido el de la precisión (y la belleza, ¿por qué no?) en los términos que utiliza.

Y para utilizar las palabras con precisión, primero hay que conocerlas, saber sus significados y utilizarlas adecuadamente en el contexto oportuno. El panlingüismo, útil para ciertos fines, es perjudicial para la perduración de la lengua propia, para la conservación de la diversidad lingüística y para el mantenimiento de la riqueza de matices que el habla popular, mantenida durante cientos o miles de años, ha conservado en los topónimos, aquellos vocablos que cargados de significados concretos designan a los lugares como mejor han creído los habitantes de un lugar.

Tampoco hay que desdeñar el papel gimnástico del intelecto que supone el uso de un lenguaje variado y diverso. La lengua es la expresión del intelecto, pero la vía de comunicación entre ambos está abierta en los dos sentidos. Los científicos en general y los que cultivan el campo de las ciencias de la Tierra en particular no deberían dejar pasar la oportunidad de recuperar en sus escritos un rico patrimonio lingüístico, que contribuirá sin duda a que luzcan mejor los escritos en los que se plasmen sus investigaciones y les ofrecerá un pequeño mosaico del lenguaje popular que, sin duda, enriquecerá y complementará el lenguaje propio de su formación específica.

No quiero terminar este pequeño epílogo sin traer a colación un bello concepto acuñado por Orueta, a principios del siglo XX, la denominada por él "geología intuitiva". Orueta (1917) consideraba que el hombre utilizaba el territorio "como si conociera a la perfección sus rasgos y propiedades geológicas". Cita, como ejemplos de esa geología intuitiva, el hecho de que en la serranía de Ronda, en Málaga, donde realizó su tesis doctoral, se plantaran exclusivamente alcornoques en los afloramientos de rocas gneísicas y solo pinos en las rocas peridotíticas, así como que los pueblos serranos se encontraran ubicados habitualmente a lo largo del contacto entre las rocas permeables y las impermeables, justo donde las aguas subterráneas salen a la superficie y permiten la existencia de asentamientos permanentes de las comunidades humanas. O que, por regla general, los asentamientos antiguos estuvieran ubicados en zonas alejadas de los desprendimientos rocosos o a salvo de las inundaciones. En efecto, todo eso y mucho más es geología intuitiva, la comunión del ser humano con el medio geológico; como también lo es nombrar a los elementos geológicos por su denominación más popular, adecuada y sencilla. Llamar duendes a las fuentes, por ejemplo, como aún hoy hacen los pastores de la sierra de las Nieves, en la serranía de Ronda. Seguramente Orueta estaría, si viviera hoy, encantado de tener a mano un palabrero geológico. Aunque posiblemente él no lo necesitara.

Agradecimientos

Un libro siempre necesita de la colaboración de numerosas personas y este no podía ser menos. Es muy de agradecer la colaboración de todas ellas, aunque a buen seguro que algunas, dado el dilatado periodo de tiempo que ha mediado entre su inicio y su finalización, habrán olvidado que lo hicieron en su momento, o incluso es posible que nunca tuvieran conciencia plena de haberlo hecho. Una conversación en el campo con un pastor, un rato de charla con un colega en un congreso o una publicación enviada con la mera intención de divulgarla han sido, en ocasiones, el detonante de una búsqueda o el hilo conductor que me ha llevado a la localización de un término destinado finalmente a alimentar este palabrero. A propósito o sin querer, vaya mi agradecimiento más sincero para todos ellos.

Pero también ha habido muchas otras personas, con nombres propios, que han contribuido expresamente a que el objetivo final se haya alcanzado, sabiendo que lo hacían, por qué y para qué. En estos casos no sería justo dejar de agradecérselo públicamente.

Virginia Laforet tuvo una importante parte de responsabilidad en el inicio de este proyecto al regalarme un libro artesanal con todas sus páginas en blanco que me impulsó a utilizarlo para comenzar a escribir de mi puño y letra el original a partir del cual se confeccionó este libro. Monserrat Jiménez, de la Universidad de Oviedo, me ayudó en los primeros compases, con algunos términos propios de la cordillera cantábrica. Luis Linares, de la Academia Malagueña de Ciencias, y José Antonio Fernández, entonces del IGME y hoy jubilado, siempre estuvieron ahí, disponibles para algún comentario o duda relacionados con ciertas palabras especialmente complejas.

Antonio Rodríguez Ramírez, geólogo de la Universidad de Huelva, me suministró una valiosísima información y algunas imágenes sobre los topónimos populares utilizados en el entorno de Doñana, probablemente uno de los espacios más ricos en toponimia de la península ibérica. Antonio Castillo, hidrogeólogo del CSIC y la Universidad de Granada, me regaló algunos bellos términos de Sierra Nevada. Manuel Rendón de la Junta de Andalucía, hizo lo propio con algunas palabras referidas al auténtico vivero lexicológico que son los humedales. Ferrán Cardona, geólogo y espeleólogo catalán, me suministró algunos términos de aquella tierra. Con Carmen Romero, de la Universidad de Las Palmas de Gran Canaria, tuve el placer de compartir algunos comentarios sobre la rica toponimia canaria y el significado preciso de algunos términos volcanológicos.

A lo largo del tiempo, pero sobre todo en los últimos momentos de la redacción del texto y de búsqueda de imágenes para ilustrar algunos de los términos del palabrero, muchos compañeros del Instituto Geológico y Minero de España estuvieron solícitos a mis requerimientos: Luis Carcavilla, Andrés Díez, José Antonio Domínguez, Inés Galindo, Javier Lambán, José María López, Carlos Mediavilla, Mónica

Meléndez, Miguel Mejías, Pedro Robledo, Ana Rodrigo, Eulogio Pardo, Nieves Sánchez y María José Torres, aunque seguramente olvide alguno, por lo que pido públicamente disculpas. Un reconocimiento especial debo hacer a Raquel Morales, que tuvo a bien leerse uno de los primeros originales y corregirlo con detenimiento y exquisito cuidado. También Elena Vivanco cumplió un papel crucial, y debo reseñar su inestimable ayuda en la "traducción" de mis originales, escritos a mano, no siempre fáciles de descifrar. También he de agradecer a Isabel Rábano por sus continuos ánimos y a Francisco González Lodeiro por sus críticas, siempre constructivas.

Por último, a Beatriz Abad y Arantza Chivite, de la editorial Catarata, por su infinita paciencia, demostrada con creces durante el proceso editorial.

Bibliografía

ALBAIGÈS, J. M. (1998): *Enciclopedia de los topónimos españoles*, Planeta, Barcelona, 720 pp.

ALCÁZAR, A. Y AZCÁRATE, M. (1998): "Aproximación a la toponimia del repertorio de caminos de Guadalajara", *Actas del IV Congreso de Caminería Hispánica*, tomo I, pp. 223-242.

ÁLVAREZ DE LINERA, A. (1851): "Reseña geognóstica y minera de la provincia de Málaga", *Revista Minera*, vol. II, pp. 161-175 y pp. 194-215.

ARMSTRONG, J. (1930): *La historia de la isla de Menorca* [versión española de la 2ª edición de la obra original de dicho autor, de 1758], Mahón, 241 pp.

ARRANZ MARTÍN, S. (2005): *Etimologías inéditas y curiosas*, Verbum, Madrid, 238 pp.

ASÍN PALACIOS, M. (1940): *Contribución a la toponimia árabe de España*, CSIC, Madrid, 155 pp.

AYARZAGÜENA, J. A.; BERNÁRDEZ, M. J.; GUISADO, J. C. Y PUCHE, O. (2004): *Fondos arqueológicos del Museo Histórico Minero D. Felipe de Borbón y Grecia*, ETSI de Minas de Madrid, 107 pp.

Benítez de Lugo, L. y Mejías, M. (2014): "Los primeros poblados prehistóricos en el entorno de Daimiel. Las motillas de La Mancha", en M. Mejías (ed.), *Las Tablas y los Ojos del Guadiana: agua, paisaje y gente*, IGME, Organismo Autónomo Parques Nacionales, Madrid, pp. 67-102.

Bernaldo de Quirós, C. (1923): *La Pedriza del Real de Manzanares*, Comisaría Regia del Turismo y Cultura Artística, Madrid, 174 pp.

Bernárdez, M. J. y Guisado, J. C. (2006): "Cristal para todo el Imperio", *Memoria*, 2, pp. 38-43.

Bowles, G. (1775): *Introducción a la Historia Natural y a la Geografía Física de España*, Imprenta Francisco Manuel de Mena, Madrid, 529 pp.

Calvo, M. (2016): "El 'lapis crucifer', 'Piedra Cruz de Compostela': un elemento importante de los patrimonios geológico y cultural del NW de España", *De Re Metalica*, 26, pp. 67-79.

Carcavilla, L.; Berrio, M. P. y Ruiz, R. (2010): "Ríos en roca de Castilla-La Mancha", en J. A. Ortega y J. J. Durán (eds.), *Patrimonio geológico: los ríos en roca de la Península Ibérica*, IGME, Madrid, pp. 473-497.

Centro de Estudios Espeleológicos Turolenses (2015): *Cavidades de Teruel. 25 cuevas y simas de la provincia*, Teruel, 159 pp.

Concepción, J. (2007): *Diccionario etimológico de toponimia asturiana*, KRK Ediciones, Oviedo, 1312 pp.

Covarrubias, S. ([1611] 1993): *Tesoro de lengua castellana o española* [edición de Martín de Riquer], Editorial Alta Fulla, Barcelona.

Del Pino, E. (2006): *Diccionario del habla malagueña (documentado)*, Almuzara, Córdoba, 307 pp.

Díez, A. y Martín Duque, J. (2005): *Las raíces del paisaje. Condiciones geológicas del territorio de Segovia*, Junta de Castilla y León, Segovia, 431 pp.

Durán, J. J. (1995): "Aguas subterráneas y medio ambiente" *Jornadas sobre el Libro Blanco de las aguas subterráneas*, Club del Agua Subterránea, Madrid, pp. 97-114.

GALMÉS DE FUENTES, A. (1990): *Toponimia de Alicante (la oronimia)*, Universidad de Alicante, Alicante, 91 pp.
— (1999): "La toponimia no es un juego", *Revista de Libros*, 36.
GARCÍA DE DIEGO, V. (1977): "Mamola como topónimo", *Revista de dialectología y tradiciones populares*, nº 33, pp. 99-106.
GARCÍA PÉREZ, G. (2000): *Andanza por las sierras de Madrid. Literatura, toponimia y montañismo*, Editorial la Tienda, Madrid, 400 pp.
GARRIDO, H. (2000): *Palabrero de Doñana*, Editorial Rueda, Madrid, 131 pp.
GONZÁLEZ BERNÁLDEZ, F. (1992): *Los paisajes del agua: terminología popular de los humedales* [editor J. M. Reyero], Madrid, 257 pp.
HAUSSEN, H. M. (1968): "Algunos aspectos geológicos de la isla de la Gomera (archipiélago canario)", *Anuario de Estudios Atlánticos*, nº 14, pp. 11-37.
HERNÁNDEZ PACHECO, E. (1915): "Geología y Paleontología del Mioceno de Palencia", *Com. Inv. Paleont. Prehist.*, Mem. 5, 295 pp.
— (1956): "Fisiografía de la Península Ibérica", *Memorias Real Academia de Ciencias de Madrid*, t. XVI, 785 pp., Madrid.
LÓPEZ PLAZA, M.; GONZÁLEZ SÁNCHEZ, M.; GARCÍA DE LOS RÍOS, J. I.; CORTÁZAR, J.; CARLOS, A.; VICENTE, S. Y LÓPEZ MORO, F. J. (2007): "La utilización de rocas vaugneríticas en los monumentos de Salamanca", *Studia Geologica Salmanticensia*, 43(1), pp. 115-142.
MACPHERSON, J. (1886): "Sobre los gabarros del granito", *Boletín de la Real Sociedad Española de Historia Natural*, 6, pp. 111-113.
MAMPEL, L. Y HERNÁNDEZ, A. (COORDS.) (2016): *Guía turística del geoparque del Maestrazgo*, 126 pp.
MENÉNDEZ PIDAL, R. 1968. *Toponimia prerrománica hispana*. Editorial Gredos, Madrid.
NAVARRO, J. M. Y COELLO, J. (1989): "Depressions originated by landslide processes in Tenerife", *European Science Founfation Meeting on Canarian Volcanism*, Cabildo Insular de Lanzarote, pp. 150-152.

Ojeda Rivera, J. F.; Andreu, C.; Villa, A. y Villa, J. (2018): "La mirada promiscua. Ensayo de lectura de un paisaje de Doñana desde el diálogo interdisciplinar", *Biblio3W, Revista Bibliográfica de Geografía y Ciencias Sociales*, vol. XXIII, nº 1248, pp. 1-18.

Orueta, D. de (1917): "Estudio geológico y petrográfico de la Serranía de Ronda", *Memorias del Instituto Geológico de España*, Madrid, 571 pp.

Pardo, L. (1948): *Catálogo de lagos de España*, Ministerio de Agricultura, Madrid, 522 pp.

Passarge, S. (1931): *Geomorfología*, Editorial Labor, Barcelona, 189 pp. y 20 láminas.

Pazos, O. (2016): "El Rego de Serpe. Geomorfología de una excavación excepcional en el Parque Nacional Marítimo Terrestre das Illes Atlánticas (Galicia, España)", *De Re Metalica*, 26, pp. 1-7.

Rodríguez-González, A. y Fernández-Turiel, J. L. (2015): "Las geoformas volcánicas y su modelado morfométrico con Sistemas de Información Geográfica (SIG)", *Enseñanza de las Ciencias de la Tierra*, 23, pp. 40-48.

Rodríguez-Ramírez, A. (2015): *Érase una vez..., la Marisma de Doñana: usanzas, costumbres, recuerdos..., de una saga de marismeños: los Clarita*, Organismo Autónomo Parques Nacionales-Ministerio de Agricultura, Alimentación y Medio Ambiente, Madrid, 365 pp.

Román, A. (2007): "La piedra o losa de Tarifa", *Aljaranda*, 65, pp. 18-24.

Romero, J. C. (2003): *Minerales y rocas de la provincia de Málaga*, Diputación Provincial de Málaga, Centro de Ediciones de la Diputación de Málaga, 318 pp.

Rubio, E. (1920): "Apuntes para el estudio de las rocas de ornamentación de la Serranía de Ronda", *Boletín del Instituto Geológico*, vol. XLI, pp. 425-450.

Ruiz de la Serna, A. (2009): *Toponimia del Valle de Villaverde*, Ramón Bohígas Roldán, Santander, 305 pp.

Salbidegoitia, J. M. (1980): "Estudio etnográfico del Valle de Trucios (Vizcaya)", *Kobie*, 10, pp. 135-195.

Sánchez Pérez, A. (1884): *Manual del cantero y marmolista*, Biblioteca Enciclopédica Popular Ilustrada, Madrid, 206 pp.

Salgado y Guillermo, J. (1860): *Monografía de las aguas sulfo, selenido, hídricas, arseniadas, bicarbonatadas, alcalinotérreo, metálicas de Carratraca*, Imprenta de Manuel Minuesa, Madrid, 267 pp.

Seisdedos, J. (2008): *Los grandes paleodeslizamientos de Güimar y la Orotava (Tenerife): Análisis geológicos, mecanismos de inestabilidad y modelización geomecánica*, tesis doctoral, Universidad Complutense de Madrid, 287 pp.

Suárez, M. L. y Vidal-Abarca, M. R. (1993): "Las ramblas mediterráneas: paisajes", *Actas de la VI Aula de Ecología*, Instituto de Estudios Almerienses, pp. 113-119.

Trapero, M. y Santana, E. (2017): *Toponimia de Lanzarote y de los islotes de su demarcación* [documento en línea], Universidad de las Palmas de Gran Canaria.

Vocabulario de Cantabria, 2006, en http//centros3.putic.mec.es/cp.cisneros/cantabria6.htm [documento en línea en Internet, consultado en junio de 2006].